LE

RÈGNE VÉGÉTAL

ATLAS ICONOGRAPHIQUES

Paris. — Imprimerie de P.-A. Bourdier et Cie, rue Mazarine, 30.

LE
RÈGNE VÉGÉTAL

DIVISÉ EN

TRAITÉ DE BOTANIQUE GÉNÉRALE, FLORE MÉDICALE ET USUELLE

HORTICULTURE BOTANIQUE ET PRATIQUE

(PLANTES POTAGÈRES, ARBRES FRUITIERS, VÉGÉTAUX D'ORNEMENT)

PLANTES AGRICOLES ET FORESTIÈRES

HISTOIRE BIOGRAPHIQUE ET BIBLIOGRAPHIQUE DE LA BOTANIQUE

PAR MM.

A. DUPUIS
professeur d'histoire naturelle,
ancien professeur de botanique et de sylviculture
à l'Institut agronomique de Grignon,
membre de plusieurs Académies
et Sociétés savantes, etc.

FR. GÉRARD
botaniste - micrographe,
membre de plusieurs Sociétés savantes, l'un des
collaborateurs du Dictionnaire
d'histoire naturelle.

O. REVEIL
docteur en médecine,
pharmacien en chef des hôpitaux,
professeur agrégé à la Faculté de médecine de Paris
et à l'École supérieure de pharmacie,
membre de plusieurs Sociétés savantes, etc.

F. HÉRINCQ
botaniste attaché au Muséum d'histoire naturelle
rédacteur en chef de l'Horticulteur français,
membre de plusieurs Sociétés
savantes, etc.

ET D'APRÈS LES TRAVAUX DES PLUS ÉMINENTS BOTANISTES FRANÇAIS ET ÉTRANGERS

Formant (avec l'Histoire de la Botanique)

Dix-sept beaux volumes

dont neuf volumes grand in-8° jésus de textes

ET HUIT ATLAS PETIT IN-QUARTO DE PLANCHES GRAVÉES

Les Atlas renfermant (avec des textes descriptifs en regard)

PLUS DE 5000 DESSINS DE PLANTES OU DE DÉTAILS BOTANIQUES

FINEMENT COLORIÉS

PARIS

LIBRAIRIE DES SCIENCES NATURELLES

ET DES ARTS ILLUSTRÉS

Théodore MORGAND, libraire-éditeur

RUE BONAPARTE, 5

———

TRAITÉ

DE

BOTANIQUE GÉNÉRALE

ATLAS ICONOGRAPHIQUE DU TOME PREMIER

Paris. — Imp. P.-A. BOURDIER et Cⁱᵉ, rue Mazarine, 30.

TRAITÉ

DE

BOTANIQUE

GÉNÉRALE

PAR MM.

F. HÉRINCQ
botaniste attaché au Muséum d'histoire naturelle,
rédacteur en chef de l'Horticulteur français,
membre de plusieurs Sociétés
savantes, etc.

FR. GÉRARD
botaniste - micrographe,
membre de plusieurs Sociétés savantes, l'un des
collaborateurs du Dictionnaire
d'histoire naturelle

O. REVEIL
Docteur en médecine, pharmacien en chef des hôpitaux, professeur agrégé à la Faculté de médecine
et à l'École supérieure de pharmacie de Paris,
membre de plusieurs Sociétés savantes, etc., etc.
(*Pour la Chimie végétale*)

OUVRAGE RÉSUMANT

LES PLUS SAVANTES RECHERCHES ET LES MEILLEURS TRAVAUX SUR LA MATIÈRE

FAITS EN FRANCE, EN ALLEMAGNE, EN ANGLETERRE, EN ITALIE, ETC., ETC.

ATLAS ICONOGRAPHIQUE DU TOME PREMIER

PARIS

LIBRAIRIE DES SCIENCES NATURELLES
ET DES ARTS ILLUSTRÉS
Théodore MORGAND et Co**, libraires-éditeurs**
RUE BONAPARTE, **5**

COUPE GÉOLOGIQUE DU GLOBE.

1. — TRACHYTE.

2. — DIORITE OU DIABASE.

3. — BASALTE.

4. — PORPHYRE.

5. — LAVE.

6. — GRANIT.

7. — GRAUWACKE (roche d'agrégation formée de granit, de gneiss, de micaschiste et de schiste argileux).

8. — TERRAINS HOUILLERS.

9. — TRIAS.

10. — TERRAIN JURASSIQUE.

11. — CRAIE.

12. — MOLASSE ou GRÈS QUARTZEUX, avec marne ordinaire.

13. — DILUVIUM (terrain diluvien des géologues anglais, qui font concorder les transformations du globe avec la Bible).

14. — ALLUVIONS MODERNES.

15. — LA MER

16. — GLACES.

(Voir pages 75 et 76.)

DÉBRIS FOSSILES DE VÉGÉTAUX

TROUVÉS DANS LES COUCHES LES PLUS ANCIENNES DE L'ÉCORCE TERRESTRE.

---

1 et 2. — CALAMITES RADIATUS ; tiges et appendices foliacés d'une grande équisétacée du terrain silurien.

3. — SPHÆNOPTERIS DISSECTA ; feuille d'une fougère du terrain dévonien.

4. — CALAMITES SUCKOVII ⎰ autres grandes équisétacées des couches carbonifères ou infé-

5. — — CANNÆFORMIS ⎱ rieures du terrain houiller.

6. — LEPIDENDRON CRENATUM ; fragment d'une lycopodiacée en arbre du même terrain, portant les cicatrices de l'insertion des feuilles.

7. — NEVROPTERIS LOSHII ; fougère du même terrain houiller.

8. — SPHÆNOPTERIS HÆNINGHAUSII , fougère du terrain houiller et qui se rapproche de nos cheilanthes.

9. — PECOPTERIS AQUILINA, ayant beaucoup d'analogie avec le Pteris aquilina de nos bois.

(Voir pages 77 et 79.)

Flore des terrains anciens

DÉBRIS FOSSILES DE VÉGÉTAUX

CARACTÉRISANT LES SCHISTES OU COUCHES SUPÉRIEURES DU TERRAIN
HOUILLER.

---

1. — LEPIDODENDRON FASTIGIATUM ; portion supérieure d'un rameau d'une plante qui a de grandes analogies avec les lycopodiacées de l'époque actuelle.

2. — CYCLOPTERIS ORBICULARIS ; foliole d'une feuille de fougère, ayant des rapports avec l'*adiantum reniforme*, qui croît actuellement dans l'île de Ténériffe.

3. — ANNULARIA BREVIFOLIA ; plante n'ayant aucune analogie avec les végétaux vivants d'aujourd'hui.

4. — SPHÆNOPHYLLUM DENTATUM ; représentant des espèces de marsiléacées de notre époque.

5. — SIGILLARIA PACHIDERMA fragments de tiges de fougères en arbre montrant les insertions et

6. —   —   LOEVIGATA les débris du pétiole des feuilles.

7. — WALCHIA SCHLOTEINII ; extrémité d'un rameau et fruit d'un arbre qu'on rapporte à la famille des conifères, voisin des araucaria.

8. — STIGMARIA FICOIDES ; portion de tige et feuilles d'une lycopodiacée en arbre.

9. — WALCHIA HYPNOIDES ; autre espèce de conifères des couches supérieures du terrain houiller.

(Voir page 79.)

Flore des terrains anciens.

DÉBRIS FOSSILES DE VÉGÉTAUX

TROUVÉS DANS LES TERRAINS DU TRIAS ET JURASSIQUE.

1. — CALAMITES ARENACEUS ; tige d'une grande équisétacée des grès bigarrés , formant la couche inférieure du terrain du Trias.

2. — PTEROPHYLLUM PLEININGERII ; feuilles de fougères qui se rencontrent dans le Lias, couche inférieure du terrain jurassique.

3. — VOLTZIA HETEROPHYLLA; empreintes de feuilles d'une conifère des grès bigarrés.

4. — ÉQUISETUM COLUMNARE ; portion d'une tige très-réduite, trouvée dans la marne irisée ou couche supérieure du terrain du Trias.

5. — TOENIOPTERIS VITTATA ; fronde de fougère trouvée dans le Lias et représentée dans la végétation actuelle par plusieurs aspidium à feuilles simples et particulièrement par l'aspidium articulatum.

6. — DICTYOPHYLLUM RUGOSUM ; débris d'une fronde de fougère, appartenant au système oolithique situé au-dessus du Lias dans le terrain jurassique.

7. — PACHYPTERIS LANCEOLATA ; autre fronde de fougère du même système oolithique.

8. — FUCOIDES ENCOELIOIDES ; fucacée ou plante marine du même système oolithique.

9. — PECOPTERIS SELLIMANNI ; fougères du même système oolithique.

(Voir pages 82, 83, 84, 85.)

Flore des terrains anciens.

DÉBRIS FOSSILES DE VÉGÉTAUX

TROUVÉS DANS LES TERRAINS JURASSIQUES ET CRÉTACÉS.

---

1. — PACHYPTERIS OVATA ; portion d'une fronde ou feuille de fougère, appartenant à la couche oolitique supérieure.

2. — PTEROPHYLLUM WILLIAMSONIS ; base d'une feuille de cycadée, trouvée dans la couche oolitique inférieure.

3. — ZAMIA FENEONIS ; feuille d'une autre cycadée, des argiles du groupe portlandien , et qui forment la couche supérieure du terrain jurassique.

4. — BRACHYPHYLLUM ; rameau d'une conifère qu'on rencontre dans la couche oolitique.

5. — MANTELLIA NIDIFORMIS ; tronc de cycadée, à l'état siliceux, trouvé dans le dépôt wealdien du terrain crétacé inférieur.

6. — PECOPTERIS ARBORESCENS ; petit fragment d'une fronde de fougère en arbre, extrait du terrain houiller.

7. — FEUILLE D'UN ORME, voisin de l'espèce commune, actuellement existante ; elle provient du terrain de molasse.

8. — COMPTONIA ACUTILOBA ; feuille trouvée dans le même terrain ; elle a beaucoup d'analogie avec celles des comptonia de notre époque, et qui sont des arbres de la famille des amentacées.

9. — PALMACITES LAMANONIS ; portion de feuille d'un palmier, appartenant au terrain de molasse.

(Voir pages 83. 84, 85, 86.)

Flore des terrains anciens

MONTAGNE IDÉALE

INDIQUANT LE DÉCROISSEMENT ALTITUDINAL DE LA VÉGÉTATION.

1. — RÉGION DES PALMIERS, DES BANANIERS et PANDANUS ; commençant au niveau de la mer, dans les régions tropicales, et s'élevant jusqu'à 630 mètres.

2. — RÉGION DES FOUGÈRES, FIGUIERS et DRACOENA, prenant à 630 mètres, et s'avançant jusqu'à 1270.

3. — RÉGION DES MYRTES et des LAURINÉES, comprise entre 1270 et 1900 mètres d'altitude.

4. — RÉGION DES ARBRES A FEUILLES PERSISTANTES, entre 1900 et 2530 mètres.

5. — RÉGION DES ARBRES CADUQUES D'EUROPE, située entre 2530 et 3170 mètres.

6. — RÉGION DES ARBRES RÉSINEUX, qui commence à 3170 et s'arrête à 3800 mètres.

7. — RÉGION DES RHODODENDRONS ; elle prend à 3800 mètres, et s'élève jusqu'à la région des plantes alpines, à 4500 mètres.

8. — RÉGION DES PLANTES ALPINES, commençant à la région des Rhododendrons, au delà de 4500 mètres, et n'est arrêtée que par les neiges éternelles qui se trouvent vers 5000 mètres.

(Voir pages 94, 105.)

Étagement altitudinal de la végétation.

GÉOGRAPHIE BOTANIQUE

ALTITUDES RÉGIONALES COMPARÉES.

ZONE ÉQUATORIALE : Chimborazo. Sa base est occupée par des
palmiers qui représentent la zone équatoriale. Au-dessus, la région
des fougères, des cinchona et bejaria, puis les alstonia, et enfin celle
des graminées qui indique le dernier terme de la végétation, c'est-à-
dire les plantes herbacées. Plus haut, les neiges éternelles. Sur le
Popoc, les chênes remplacent les cinchona et bejaria ; les aulnes du
Mexique correspondent aux alstonia ; au-dessus vient la région des
Pins, et la décroissance se termine par la végétation herbacée.

ZONE TEMPÉRÉE : Mont Blanc. A la base est la région des grands
arbres représentés par le châtaignier et la vigne; puis les pins , la
végétation frutescente, les rhododendrons, le saule herbacé, et, sous la
neige, le silene acaulis qu'on retrouve jusqu'à 3469 mètres au-dessus
du niveau de la mer. Sur le mont Perdu, le chêne et le bouleau sont
à la base; les épicea et les pins leur succèdent, et la végétation
herbacée apparaît ensuite.

ZONE FROIDE : Mont Sulitelma. C'est le pin sylvestre, qui est le plus
grand arbre ; il est suivi par le bouleau blanc, le saule herbacé
et les herbes.

(Voir pages 94 et suivantes.)

Géographie botanique

Altitudes régionales comparées

BOTANIQUE COMPARÉE

VÉGÉTAUX ET ANIMAUX RAYONNÉS.

Certains végétaux comme certains animaux s'accroissent par rayonnement du tissu autour de la cellule primitive ou œuf, et donnent naissance à des êtres de forme arrondie tantôt parfaite, tantôt plus ou moins irrégulière.

1. — MARCHANTIA POLYMORPHA ; plaque verte nommée thalle croissant sur la terre, découpée en lanières inégales, sur laquelle s'élève un stipe terminé par une sorte de bouclier à plusieurs lobes égaux rayonnants, à la face inférieure duquel sont les spores ; c'est ce bouclier nommé chapeau qui est représenté.

2. — GEASTER SCHMIDALII. Champignon globuleux, primitivement enveloppé dans une sorte de capsule (péridium externe), qui s'ouvre et s'étale en se divisant en plusieurs lobes réguliers.

3. — PARMELIA TILIACEA. Lichen formant, sur le tronc des tilleuls, des plaques nommées thalles, irrégulièrement lobées, et portant des scutelles qui renferment les organes de la reproduction.

4. — OSCILLARIA GYROSA. Algue croissant sur le sol qui a été inondé, et formée de courts filaments qui semblent partir d'un point central ; ces filaments sont doués d'un mouvement automatique.

5. — DYCTIOTA DICHOTOMA. Algue marine, divisée à peu près régulièrement, par une suite de bifurcations, en un grand nombre de lanières qui rayonnent toutes du point d'attaché.

6. — POLYPE du CORAIL. Animal de l'ordre inférieur présentant de nombreux tentacules qui entourent sa bouche ; ce sont ces tentacules qui forment les 8 branches de l'étoile de l'individu figuré : le centre est la bouche. Les polypes vivent en grand nombre réunis, entre eux, par la portion inférieure de leur enveloppe encroûtée de matière calcaire ; c'est cette agrégation d'individus qui constitue un polypier.

7. — ACTINIE VERTE. Animal de consistance charnue, molle, contractile, dont la bouche est entourée de nombreux appendices ou tentacules filiformes rayonnants, qui rentrent dans la cavité centrale au moindre toucher ; ces animaux sont fixés sur les rochers au fond de la mer, et se déplacent au moyen de leurs appendices ou tentacules rétractiles.

8. — ASTÉRIE ou ÉTOILE DE MER. C'est l'animal où la forme rayonnée est le plus prononcée ; son corps est partagé en des sortes de bras, généralement au nombre de cinq, et jouissant de quelque mouvement ; chaque bras détaché peut reconstituer un nouvel individu par la naissance de nouveaux bras.

9. — ÉQUORÉE CYANÉE. Autre animal marin dont la masse charnue est entourée de nombreux appendices ou tentacules rétractiles.

10. — OURSIN. Animal dont l'enveloppe solide, armée d'épines articulées mobiles, est percée de petits trous pour le passage des pieds membraneux ; le tube intestinal perd un peu la forme rayonnée.

(Voir page 147.)

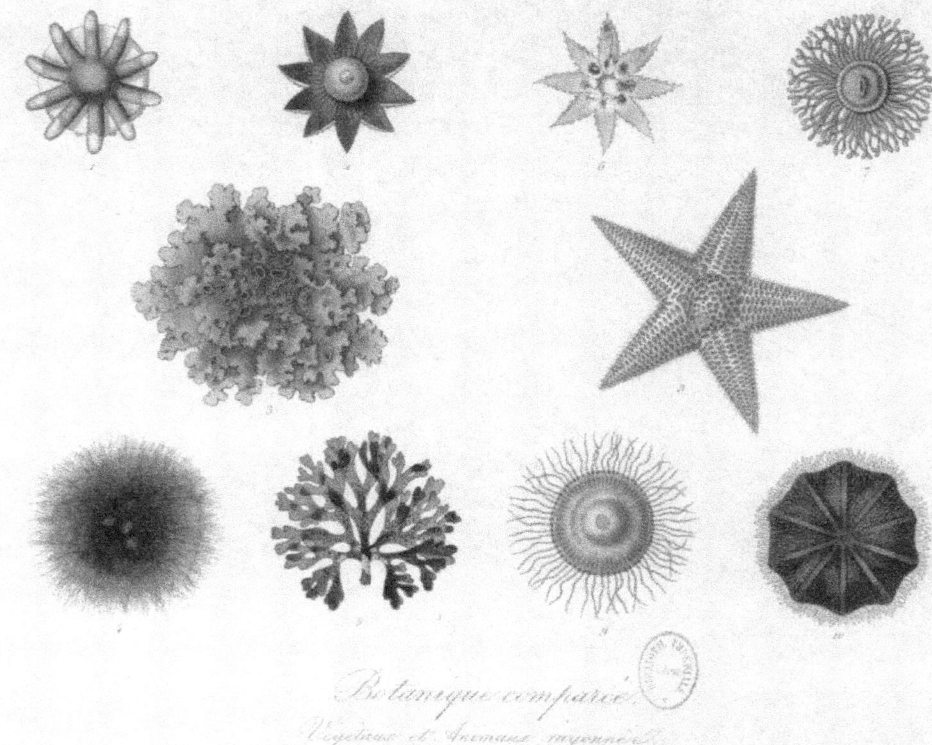

Botanique comparée.

Végétaux et Animaux rayonnés.

BOTANIQUE COMPARÉE

VÉGÉTAUX ET ANIMAUX ARTICULÉS.

On rencontre, dans le règne végétal, des individus, dont l'axe ou tige paraît formé d'articles superposés et sans moelle centrale, comme chez certains animaux, dont le corps semble être constitué par une série d'anneaux ajoutés bout à bout, sans squelette intérieur ni cerveau, et qui, par conséquent, est dépourvu de moelle épinière, tels sont :

1. — CANNE A SUCRE, graminée à tige noueuse, pleine intérieurement, et de laquelle on extrait une sève sucrée, qui, par évaporation, produit les cristaux du sucre.

2. — PRESLE, plante cryptogame du genre *equisetum* à tige articulée, munie d'une gaine finement fendue à chaque articulation.

3. — PALMIER du genre *chamædorea*, dont la tige présente des cicatrices annulaires provenant des anciennes feuilles, et qui pourraient faire croire à une tige articulée ; mais il n'y a pas réellement articulation, la tige est continue dans toute sa hauteur.

4. — SCOLOPENDRE, espèce de myriapodes, dont les anneaux, pourvus d'une paire de membres, se ressemblent et demeurent distincts, la tête exceptée.

5. — LOMBRIC ou VER DE TERRE, de la classe des annélides. Le ver de terre est un animal sans membres extérieurs, sans aucun organe de respiration ; il respire l'air par des cavités internes situées dans chaque anneau, qui, séparé, peut vivre et constituer un nouvel individu.

6. — SANGSUE, autre annélide pourvu, aux deux extrémités, d'un organe particulier, nommé ventouse, à l'aide duquel l'animal se fixe, et peut marcher par l'allongement et la rétraction du corps ; la bouche est placée au fond de la ventouse antérieure.

7. — TÉNIA ou VER SOLITAIRE, composé d'articles ou anneaux formant un corps aplati en forme de ruban, très-longuement rétréci vers la tête qui est très-petite ; la bouche est armée, souvent, d'une couronne d'épines aiguës et de quatre suçoirs.

(Voir page 148.)

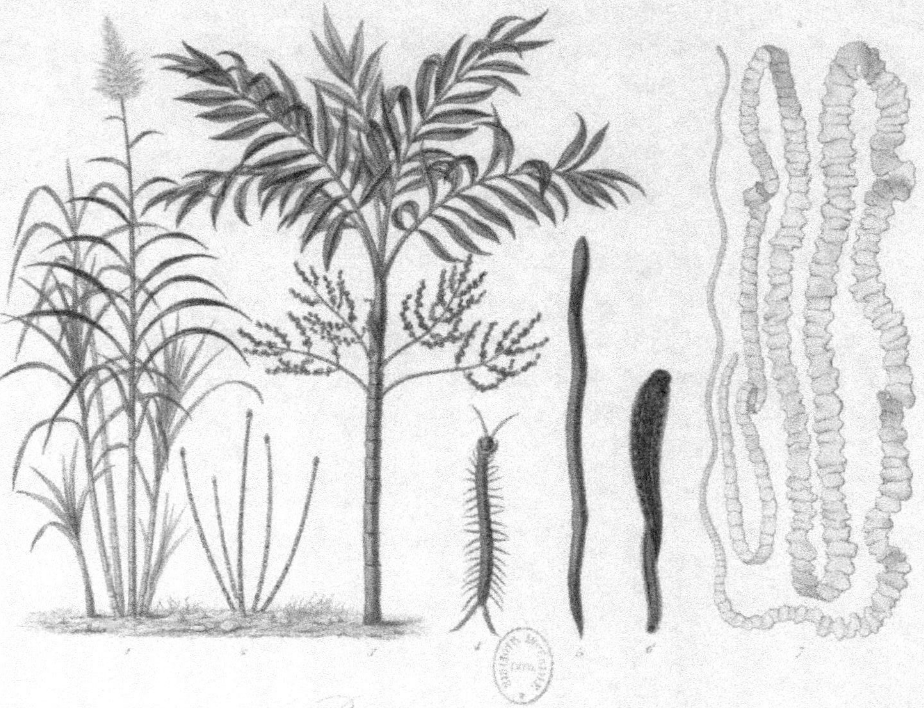

Botanique comparée

Végétaux et Animaux articulés

[illegible]

BOTANIQUE COMPARÉE

VÉGÉTAUX ET ANIMAUX APPENDICULÉS.

Chez les individus de ce groupe, on distingue un axe, parcouru au centre par une moelle : c'est la colonne vertébrale pour les animaux, et la tige pour les végétaux ; de cet axe partent des organes ou appendices latéraux : bras, jambes, ailes, nageoires, chez les êtres du règne animal ; branches, rameaux, feuilles, chez les individus du règne végétal.

1. — MARRONNIER D'INDE, dont la tige porte des branches et des feuilles opposées, organes appendiculaires.

2. — ANGE ou SQUATINE, poisson dont les organes appendiculaires sont les nageoires, qui constituent l'appareil de locomotion.

3. — LÉZARD VERT, muni de deux paires d'appendices ou membres.

4. — MANCHOT, muni de deux paires d'appendices également, mais une paire est destinée pour la marche, et l'autre, ailes rudimentaires, pour la navigation.

5. — CHIMPANZÉ. Ici les organes appendiculaires sont les bras et les jambes terminés par des mains ou organes de préhension.

6. — CHÊNE, comme le marronnier, il offre un axe central ou tige, qui porte des branches et de nombreuses ramifications alternes.

(Voir page 148.)

Botanique comparée

Végétaux et Animaux appendiculés

PHILOSOPHIE BOTANIQUE

DU SYSTÈME BINAIRE DANS LES MOLLUSQUES ET RAYONNÉS ET DANS LES
ACOTYLÉDONES.

Le parallélisme entre les végétaux et les animaux se retrouve dans le nombre des parties de différents organes. Le nombre deux ou ses multiples est celui que présentent les individus inférieurs des deux règnes.

1. — COUPE TRANSVERSALE D'UNE SPORE DE LICHEN, *Trypethelium uberinum*, faisant voir le protoplasma, ou fluide organisable, se partageant en deux portions pour constituer 2 spores distinctes.

2. — SPOROPHORE D'UN CHAMPIGNON, *Bovista plumbea*, dont l'un porte 2 spores, et les deux autres 4.

3. — URNE D'UNE MOUSSE, *Fissidens bryoides*, dont le péristome est composé de 8 dents divisées chacune en 2 lobes.

4. — THÈQUE DE LICHEN, *Lecidea albo-atra*, contenant 8 spores partagées chacune en 2 sporules.

5. — HÉLICE ou ESCARGOT, offrant 4 tentacules, dont 2 petites et 2 grandes.

6. — PHYSE DE MOUSSE, petit mollusque qui ne présente que 2 tentacules.

7. — POULPE MUSQUÉ, chez lequel le cartilage céphalique est creusé de 2 petites cavités qui logent des organes regardés comme appareil auditif ; il présente en outre 8 grands tentacules, ou bras charnus, qui entourent la tête, et au centre desquels se trouve la bouche.

8. — GÉRONYE TÉTRAPHYLLE, autre mollusque céphalopode, à 4 tentacules, et portant 4 appendices à sa partie dorsale.

9. — CÉPHÉE DE GUÉRIN, à 8 tentacules simples.

10. — CÉPHÉE DE DUBREUIL, à 8 tentacules bilobés.

(Voir page 151.)

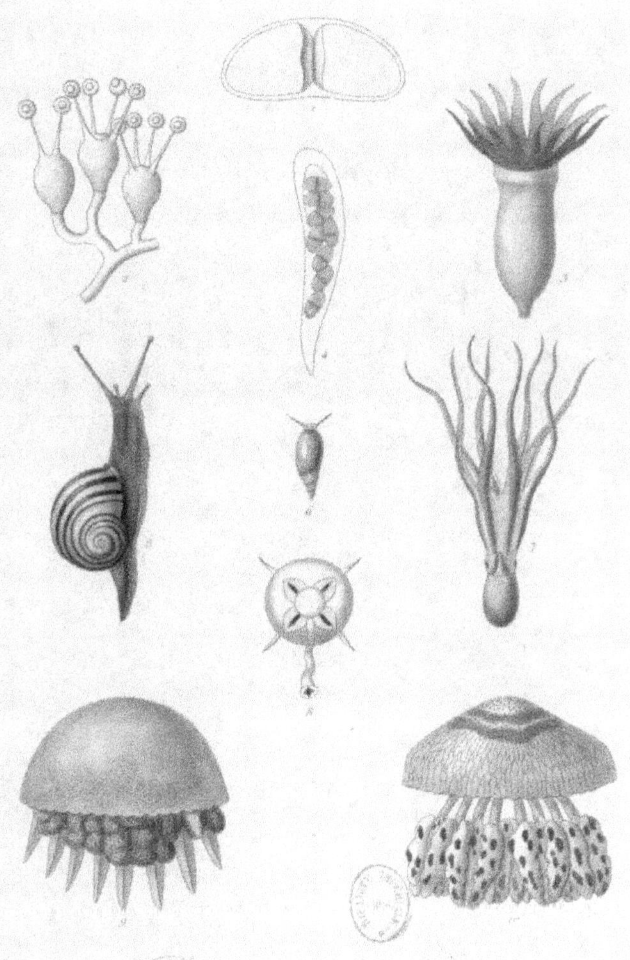

Philosophie botanique

Du Système binaire dans les Mollusques et Rayonnés
et les Acotylédones

PHILOSOPHIE BOTANIQUE

DU SYSTÈME TERNAIRE DANS LES INVERTÉBRÉS ET LES MONOCOTYLÉDONES.

Le nombre trois est celui qui caractérise les deux classes des insectes et des monocotylédones ; on le trouve dans les pattes des insectes et dans les organes de la fleur.

1. — CHRYSOPHORE, de l'ordre des coléoptères, pourvu de 3 paires de pattes, chaque patte formée de 3 portions articulées.

2. — COURTILLIÈRE, de l'ordre des orthoptères ; 3 paires de pattes, dont la paire antérieure élargie et cornée sert à fouiller la terre dans laquelle l'animal se tient caché.

3. — GRILLON, insecte du même ordre que le précédent, et, comme lui, pourvu de 3 paires de pattes.

4. — FLEUR DU LIS BLANC, composée de 6 divisions au périanthe, 6 étamines, un ovaire à 3 loges.

5. — FLEUR D'UN AGAVE, offrant 6 divisions au périanthe, 6 étamines, un ovaire à 3 loges.

6. — FLEUR D'UNE GRAMINÉE dans laquelle le nombre 3 se trouve seulement pour les étamines.

7. — FLEUR DE BROMÉLIACÉE, ayant un périanthe double, chacun de 3 parties ; 6 étamines, un ovaire à 3 loges.

(Voir page 151.)

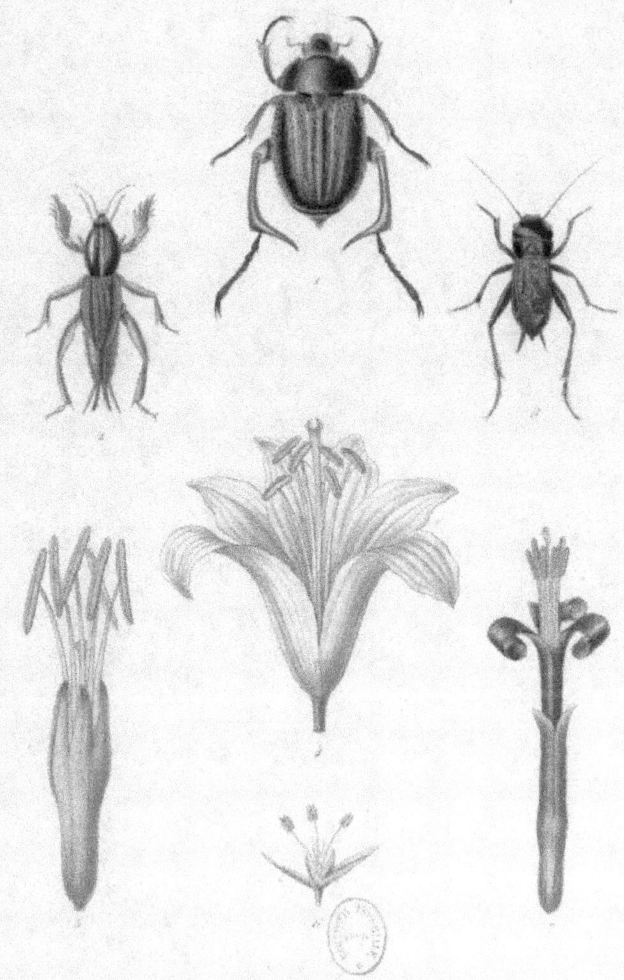

Philosophie botanique

Paris, Imp.^{rie} de Lemercier, r. St. Jacques 61.

PHILOSOPHIE BOTANIQUE

DU SYSTÈME QUINAIRE DANS LES VERTÉBRÉS ET LES DICOTYLÉDONES.

Le nombre 5 caractérise les êtres les plus parfaits des deux règnes.

1. — Main de singe à 5 doigts.

2. — Pied d'homme à 5 doigts.

3. — Empreinte de patte de batracien fossile offrant le nombre 5.

4. — Patte de saurien.

5. — Patte de mammifère (chat) terminée par 5 griffes.

6. — Patte de gecko ou platydactyle.

7. — Fleur de chèvrefeuille à 5 lobes partagés en deux lèvres.

8. — Fleur de rubiacée.

9. — Fleur de cobœa, dont la corolle monopétale est découpée en 5
dents et protége 5 étamines.

(Voir pages 154 et 156.)

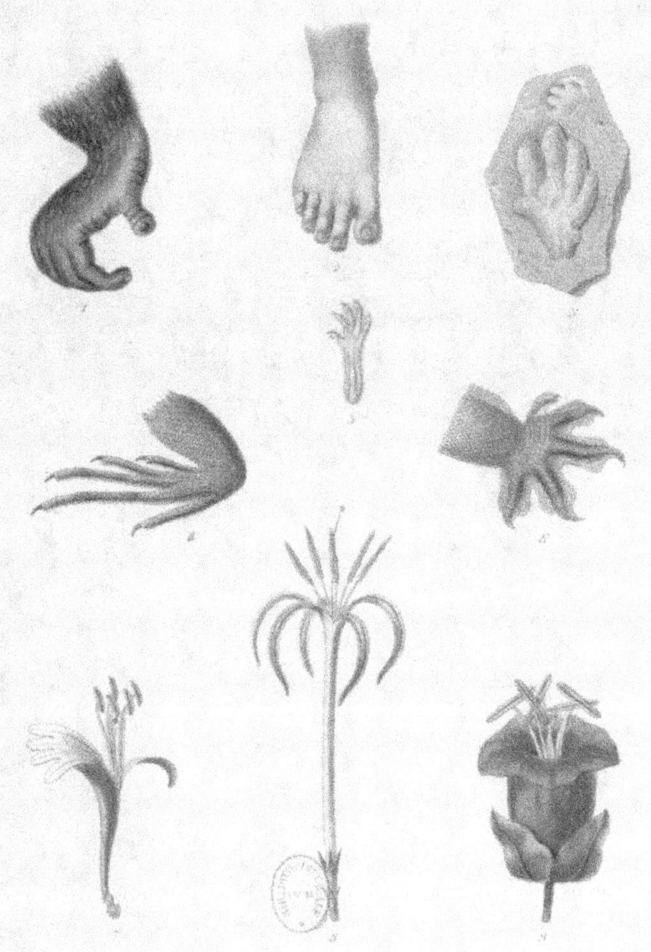

Philosophie botanique

DE L'ASCENDANCE DES FORMES

DANS LES CRYPTOGAMES.

La structure intime des végétaux présente une ascendance réelle dans la composition cellulaire de chacun d'eux.

1. — PROTOCOCCUS VIRIDIS. Algue dont chaque individu est constitué par une seule cellule globuleuse remplie de matière verte.

2. — PALMELLA CRUENTA. Algue terrestre, constituée par une agglomération de 2 ou 4 cellules, remplies de matière rouge.

3. — NOSTOC COMMUNE. Algue terrestre, composée de filaments celluleux, réunis entre eux par une abondante matière intercellulaire.

4. — NOSTOC COERULEUM. Filaments isolés de la matière intercellulaire.

5. — ZYGNEMA CRUCIATA. Algue d'eau douce, constituée par des filaments réunis deux à deux par des tubes unilatéraux.

6. — BATRACHOSPERMUM MONILIFORME. Algue d'eau douce à filaments rameux, composés de cellules unisériées.

7. — CARPOPHYLLUM MASCHALOCARPUM. Algue marine présentant une sorte de tige portant des ramifications foliacées, composées d'un amas de cellules.

8. — CHARA FOETIDA. Algue d'eau douce dont la tige et les ramifications fistuleuses ont des parois composées de plusieurs rangées de cellules.

9. — COCCOPHORA LANGDORFII. Algue marine chez laquelle les spores et anthéridies (organes mâles) sont isolées et chacune dans un apothécion distinct.

10. — LECANORA MURORUM. Lichen dont la tige, nommée *thalle*, porte les organes reproducteurs réunis dans des scutelles.

11. — USNEA FLORIDA. Lichen à thalle rameux cylindrique.

12. — CENOMYCE RANGIFERINA. Lichen à thalle arbusculeux.

13. — FUSIDIUM CLANDESTINUM

14. — FUSOMA GLANDARIUM

Sporidies ou cellules reproductrices simples ou cloisonnées, qui se forment au milieu d'une matière mucilagineuse constituant des champignons de l'ordre inférieur, qui se développent sur les corps en décomposition.

15. — ÆCIDIUM TUSSILAGINIS. Conceptacle d'un champignon parasite dans lequel sont les spores simples.

16. — SEPTONEMA VIRIDE

17. — DIDYMARIA UNGERI

18. — BLASTOTRICHUM CONFERVOIDES

19. — BACTRIDIUM CANDIDUM

20. — DACTYLIUM FUMOSUM

Champignons constitués par des filaments celluleux articulés, formant des flocons aréneux dont les articles se désagrégent, et constituent des sporidies ou organes reproducteurs.

21. — PEZIZA AURANTIA. Champignon en forme de coupe.

22. — CYATHUS STRIATUS. Champignon avec ses sporanges lenticulaires.

23. — CLATHRUS CANCELLATUS. Champignon très-remarquable par sa forme et sa structure ; c'est un globe creux ajouré, de consistance molle.

24. — LYCOPERDON. Champignon globuleux, appelé vesse de loup.

25. — AMANITA AURANTIUM. (Orange). Champignon le plus parfait ; il offre un *volva*, un stipe ou tige pourvue d'un *velum* et un chapeau.

(Voir pages 144 et 149.)

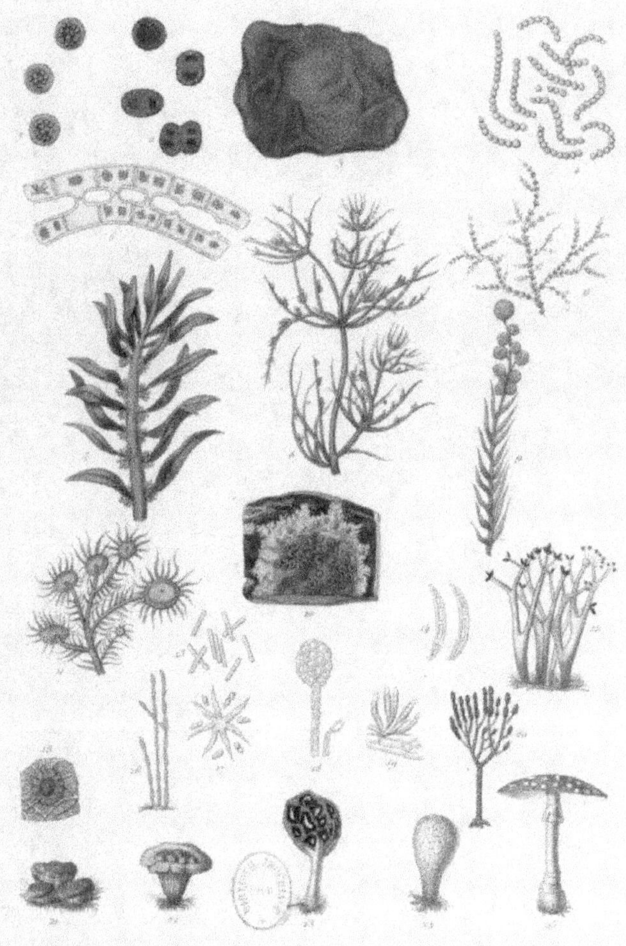

De l'ascendance des formes dans les Acotylédones.

DE L'ASCENDANCE DES FORMES
DANS LES CRYPTOGAMES.

1. — ANTHOCEROS LÆVIS. Hépatique. Expansion membraneuse, verte, nommée *thalle*, composée uniquement de cellules, et portant 3 sporanges très-allongés, qui s'ouvrent au sommet en 2 valves, au milieu desquelles se trouve la columelle.

2. — BLASIA LYELLII. Hépatique. Thalle foliacé, allongé, bifurqué, muni d'une nervure médiane, et portant 3 sporanges dont 2 encore renfermés dans l'épigone ou sac membraneux protecteur des sporanges.

3. — MARCHANTIA POLYMORPHA. Hépatique. Thalle foliacé, sans nervures, portant des organes reproducteurs constitués par une sorte de chapeau pédicellé sous lequel sont disposés les sporanges.

4. — FRULLANIA PLATYPHYLLA
5. — JUNGERMANNIA ALBICANS

Jungermannes caulescentes à tige garnie de feuilles et dont les sporanges sont protégés par un épigone persistant.

6. — POTTIA CAVIFOLIA
7. — GYMNOSTOMUM TENUE
8 et 9. — POLYTRICHUM COMMUNE
10. — SCHISTOSTEGA OSMUNDACEA

Mousses dont la tige présente intérieurement des cellules allongées, et à la périphérie des cellules polyèdres ; les spores sont renfermées dans une capsule qui s'ouvre transversalement ; la partie supérieure s'appelle *opercule*, l'inférieure *urne* ; à l'orifice de l'urne se trouvent des dents dont l'ensemble constitue le *péristome*. L'urne est portée par un *pédicule* ou *pédicelle*, et est enveloppée d'abord par un sac membraneux nommé *coiffe*.

11. — TRICHOMANES ELATUM
12. — OSMUNDA REGALIS

Fougères dont la souche ou tige présente des vaisseaux et des fibres ; les spores sont renfermées dans des sporanges ou capsules qui forment, par leur réunion, des sores arrondis ou linéaires, situés à la face inférieure des feuilles nommées *frondes*, ou à leur sommet (12), et formant alors des sortes d'épis ou des grappes.

13. — LYCOPODIUM COMPLANATUM
14. — TMESIPTERIS TANNENSIS

Lycopodiacées à tige fibro-vasculaire comme dans les fougères ; feuilles simples ; spores renfermées dans des sporanges solitaires à l'aisselle des feuilles ou réunis en épis au sommet des rameaux (13).

15. — EQUISETUM ARVENSE. Équisétacée à tige cylindrique fistuleuse, naissant d'un rhizome souterrain ; spores munies de 4 fils enroulés autour d'elles et qui se détendent, avec élasticité, au moment de l'ouverture des sporanges, situés sous des écailles peltées et constituant un épi au sommet de la tige.

16. — AZOLLA MICROPHYLLA. Petite plante aquatique, de la famille des Azollées. Ces sporanges sont réunis plusieurs sur un axe commun et enveloppés par un sac membraneux complétement clos.

17. — MARSILEA QUADRIFOLIA. Plante aquatique de la famille des marsiléacées, dont la tige souterraine porte des organes presque globuleux, parfaitement clos et nommés *sporocarpe*, divisés intérieurement en 2 loges qui sont subdivisées en plusieurs logettes superposées, sur la paroi interne desquelles sont insérées les spores.

(Voir pages 144 et 150.)

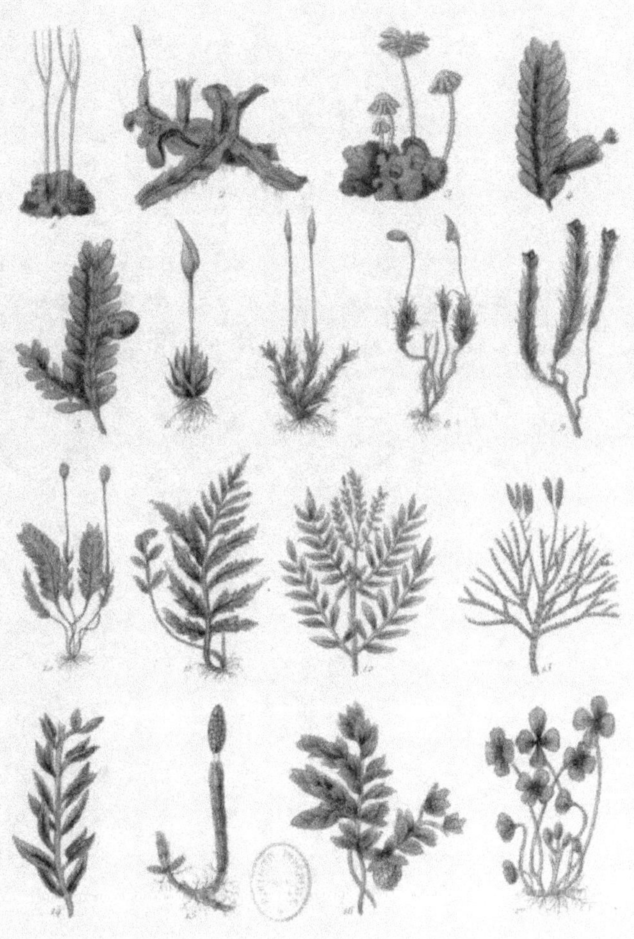

De l'ascendance des fougères dans les Cryptogames.

DE L'ASCENDANCE DES FORMES

DANS LES MONOCOTYLÉDONES.

L'ascendance se retrouve non-seulement dans la composition textulaire, mais encore dans l'enveloppe florale ou périanthe; et dans les organes de la reproduction.

1. — BRIZA MAXIMA. Graminée dont la fleur est composée de 2 bractées nommées glumelles, de 3 étamines et de 1 ovaire surmonté de 2 stigmates plumeux.

2. — RESTIO TECTORUM. Restiacée à fleur composée de 4 ou 6 glumes; 2 ou 3 étamines, 1 ovaire à 2 ou 3 loges.

3. — BUTOMUS UMBELLATUS. Alismacée à fleur composée de 6 sépales colorés; 6 étamines, plusieurs ovaires uniloculaires.

4. — JUNCUS ACUTIFLORUS. Joncée à fleur présentant 6 sépales verts; 6 étamines, un ovaire libre à 3 loges.

5. — LILIUM PUMILUM. Liliacée bulbeuse dont la fleur est colorée, à 6 divisions pétaloïdes ; 6 étamines, 1 ovaire libre à 3 loges, 1 style.

6. — TAMUS COMMUNIS. Dioscorée à tige grimpante, à feuilles dont les nervures sont rameuses anastomosées; fleurs dioïques à 6 sépales verts; 6 étamines pour les fleurs mâles; 1 ovaire à 3 loges pour les fleurs femelles.

7. — IXIA. Iridée chez laquelle la fleur est à 6 sépales distincts supérieurement, pétaloïdes ; l'ovaire soudé au tube du périanthe est à 3 loges; 3 étamines.

8. — NARCISSUS ODORUS. Amaryllidée dont le périanthe, à 6 divisions pétaloïdes, présente à l'orifice du tube un appendice ou couronne qui simule une corolle monopétale; les étamines sont au nombre de 6, l'ovaire infère est à 3 loges.

9. — AGAVE AMERICANA. Plante voisine des amaryllidées, et dont la fleur, offrant le même nombre dans les différentes parties, est dépourvue de l'appendice ou couronne.

10. — MUSA ROSACEA. Portion d'un régime, montrant les fleurs groupées à la base de grandes et épaisses bractées qui les protégent.

11. — ARUM MINUTUM. Dans les aroïdées, les fleurs, outre le périanthe dont elles sont souvent munies, sont enveloppées par une ample bractée qui les recouvre entièrement et qu'on appelle spathe.

12. — CHAMÆROPS HUMILIS. Arbre de la nombreuse famille des palmiers, dont les fleurs, constituées par un calice à 3 sépales, 3 pétales, 6 étamines et 1 ovaire, sont, de plus, protégées par une spathe ligneuse qui se fend longitudinalement au moment de la floraison.

(Voir pages 144, 149, 151 et 152.)

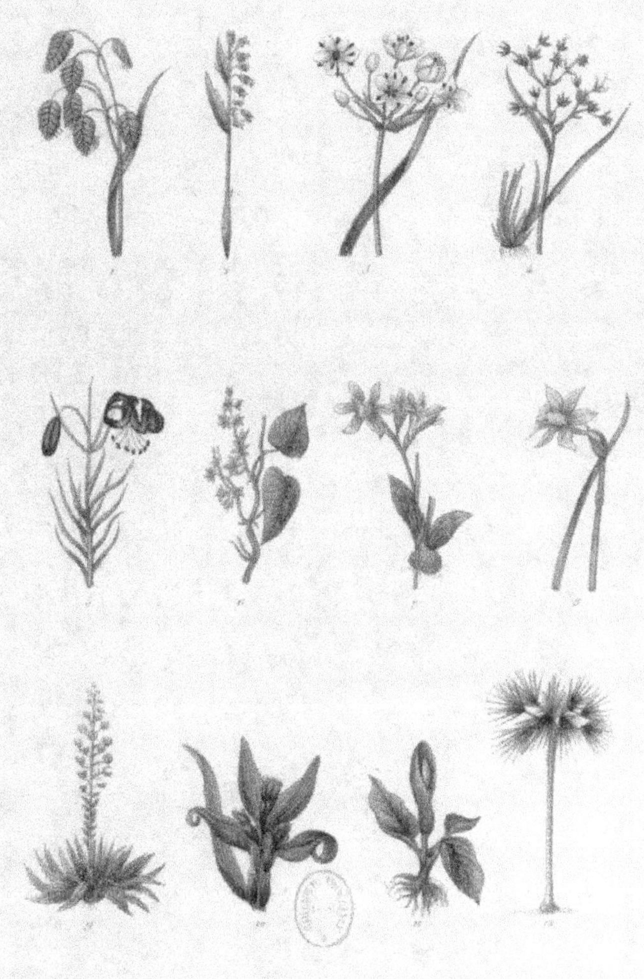

De l'ascendance des formes dans les Monocotylédones.

DE L'ASCENDANCE DES FORMES

DANS LES DICOTYLÉDONES.

Toutes les fleurs n'offrent pas le même degré de perfection ; on observe les passages gradués, de la fleur la plus simple à la fleur la plus complète.

1. — PIN MARITIME (*Pinus pinaster*). Fleur unisexuée réduite à une simple écaille qui porte les anthères sessiles (fl. mâles), ou des ovules nus (fl. femelles).

2. — MURIER (*Morus alba*). Fleur unisexuée, monoïque, munie seulement d'un calice à 2 ou 4 sépales distincts ; point de corolle.

3. — ORTIE (*Urtica dioica*). Fleur unisexuée, dioïque, pourvue, comme le mûrier, d'un simple calice.

4. — CHÉNOPODE BON-HENRI (*Chenopodium Bonus-Henricus*). Fleur hermaphrodite munie d'un calice seulement.

5. — ARISTOLOCHE (*Aristolochia longa*). Fleur présentant un calice à sépales soudés et en forme de cornet.

6. — PLANTAIN (*Plantago major*). Fleur munie d'un calice à 4 sépales et de 4 pétales soudés entre eux, avec un ovaire libre.

7. — CAMPANULE (*Campanula cæspitosa*). Dans ces fleurs, le calice est soudé à l'ovaire, et la corolle est monopétale.

8. — MYOSOTIS (*Myosotis palustris*). Le calice est libre; la corolle monopétale est munie d'appendices à la gorge ; les ovaires sont au nombre de 4.

9. — MAUVE (*Malva miniata*). Calice double ; corolle à 5 pétales distincts ; étamines nombreuses soudées entre elles par les filets.

10. — GERANIUM (*Geranium pratense*). Fleurs à 5 sépales distincts; 5 pétales; 10 étamines à peine soudées à la base des filets.

11. — ROSE (*Rosa canina*). Le calice est monosépale ; 5 pétales sont insérés avec de nombreuses étamines à l'orifice du tube calicinal, qui renferme plusieurs ovaires distincts.

12. — CYTISE (*Cytisus alpinus*). Le calice est monosépale, irrégulièrement denté ; les 5 pétales sont inégaux et irréguliers ; sur 10 étamines, 9 sont soudées par les filets.

(Voir pages 144, 153 et 154.)

De l'aboundance des formes dans les Dicotylédones

ANATOMIE VÉGÉTALE

ORGANES ÉLÉMENTAIRES TRÈS-GROSSIS.

1. — Cellule primitive isolée, globuleuse, à paroi homogène.
2. — Cellule primitive isolée, ellipsoïde, à paroi homogène.
3. — Clostre ou fibre raccourcie à paroi homogène.
4. — Fibre ligneuse à paroi homogène.
5. — Vaisseaux à paroi homogène.
6. — Cellule ponctuée comme celles qui constituent la moelle du sureau (*Sambucus nigra*).
7. — Cellule rayée comme on en rencontre dans la moelle du sureau.
8. — Cellule spirale
9. — Cellule annulaire } On trouve ces trois sortes de cellules dans la moelle d'un même végétal, le gui (*Viscum album*).
10. — Cellule réticulée
11. — Portion d'un tissu cellulaire, dans lequel les cellules se sont développées sans obstacle, et ont conservé leur forme primitive globuleuse, laissant entre elles un vide nommé *méat intercellulaire*.
12. — Tissu cellulaire de la joubarbe (*Sempervivum tectorum*), lâche, à cellules globuleuses ponctuées, avec méats intercellulaires.
13. — Tissu cellulaire du sureau, dans lequel les cellules, pressées les unes par les autres, perdent la forme ellipsoïde et deviennent anguleuses.
14. — Cellules présentant à la fois une surface courbe et l'autre plane.
15. — Cellules rameuses de la fève de marais (*Vicia faba*) laissant entre elles de grands vides nommés *lacunes*.
16. — Coupe transversale du tissu graveleux de la poire, montrant l'épaississement de la paroi des cellules, par la formation de plusieurs membranes intérieures.
17. — Tissu cellulaire de la renoncule aquatique, au milieu duquel on voit deux grands vides qui sont deux *lacunes*.
18. — Coupe longitudinale d'une portion de tige de clématite (*Clematis vitalba*), présentant un agrégat de fibres ou tissu fibreux.
19. — Coupe transversale des fibres de clématite, dans lesquelles la paroi est très-épaisse, et la cavité très-petite; les lignes rayonnantes indiquent les canaux ou perforations des membranes internes qui donnent à ces fibres le caractère ponctué.
20. — Fibres ou clostres ponctués de la membrane ailée de la graine d'un bégonia.
21. — Extrémité d'une trachée, ou vaisseau déroulable, prise dans la jacinthe, et faisant voir que les trachées sont formées de fibres très-allongées.
22. — Portion d'une trachée de potiron, montrant le fil spiral très-lâchement enroulé dans l'intérieur du tube.
23. — Portion de trachée de betterave, dont la spire, d'abord simple, se dédouble dans la partie supérieure.
24. — Portion de trachée, montrant la direction de droite à gauche de la spire.
25. — Portion de trachée du bananier, qui présente plusieurs spires parallèles.

(Voir pages 156, 237 et 238.)

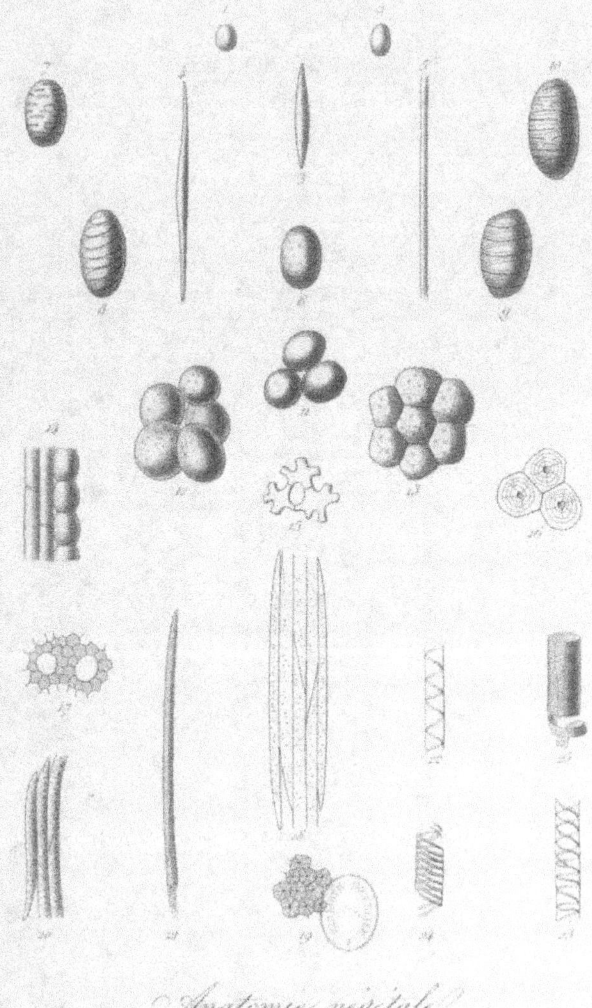

Anatomie végétale
Organes élémentaires

ANATOMIE VÉGÉTALE

ORGANES ÉLÉMENTAIRES TRÈS-GROSSIS.

1. — Portion d'un vaisseau annulaire de balsamine (*Impatiens balsamina*) composé d'un tube membraneux, dans lequel se trouvent des sortes d'anneaux ou cerceaux qui lui donnent l'apparence de la trachée-artère des animaux.

2. — La même, plus grossie.

3. — Portion d'un vaisseau de balsamine qui offre à la fois des anneaux et un fil spiral.

4. — Autre vaisseau de la même plante ; il est annulaire dans la partie inférieure, et réticulé dans la partie supérieure.

5. — Portion de vaisseau rayé de la vigne.

6. — Portion d'un vaisseau prismatique rayé ou scalariforme de la fougère royale (*Osmunda regalis*).

7. — Extrémité d'un vaisseau rayé de lycopode.

8. — Portion d'un vaisseau scalarifère de la racine de dattier (*Phœnix dactylifera*).

9. — Portion d'un vaisseau ponctué de la vigne.

10. — Portion de vaisseau ponctué du gui, composé de cellules courtes, ce qui lui donne une apparence de vaisseau moniliforme ou en chapelet.

11. — Portion d'un vaisseau ramifié moniliforme de la balsamine.

12. — Portion de vaisseau laticifère de la grande éclaire (*Chelidonium majus*).

13. — Coupe longitudinale de cellules allongées et à paroi épaissie, du dattier, montrant les canaux en communication avec ceux des cellules voisines.

14. — Portion de tissu cellulaire d'une algue marine (*Himanthalia lorea*), montrant les cellules séparées par une abondante matière intercellulaire.

15. — Coupe transversale de cellules allongées prises dans la partie centrale d'une racine de dattier.

16. — Ramification d'une trachée à l'origine d'une feuille ou d'un bourgeon.

17. — Portion d'une trachée de potiron (*Cucumis pepo*), dans laquelle la spirale double se bifurque pour former deux trachées à spirale simple.

18. — Jeunes cellules de betterave (*Beta vulgaris*) ayant chacune leur *nucleus* ou *cytoblaste*, espèce d'embryon qui doit produire une nouvelle cellule.

19. — Cellule de pomme de terre (*Solanum tuberosum*) remplie de grains de fécule à divers états de développement.

20. — Grain de fécule du blé (*Triticum sativum*).

21. — Grain de fécule du maïs (*Zea mais*).

22. — Cellule du *Rheum undulatum*, renfermant une agglomération de cristaux.

23. — Grande cellule dilatée du pied de veau ou gouet (*Arum maculatum*), entourée de petites cellules normales et remplie de nombreux cristaux en aiguilles nommés *Raphides*.

(Voir pages 157, 239, 243, 248.)

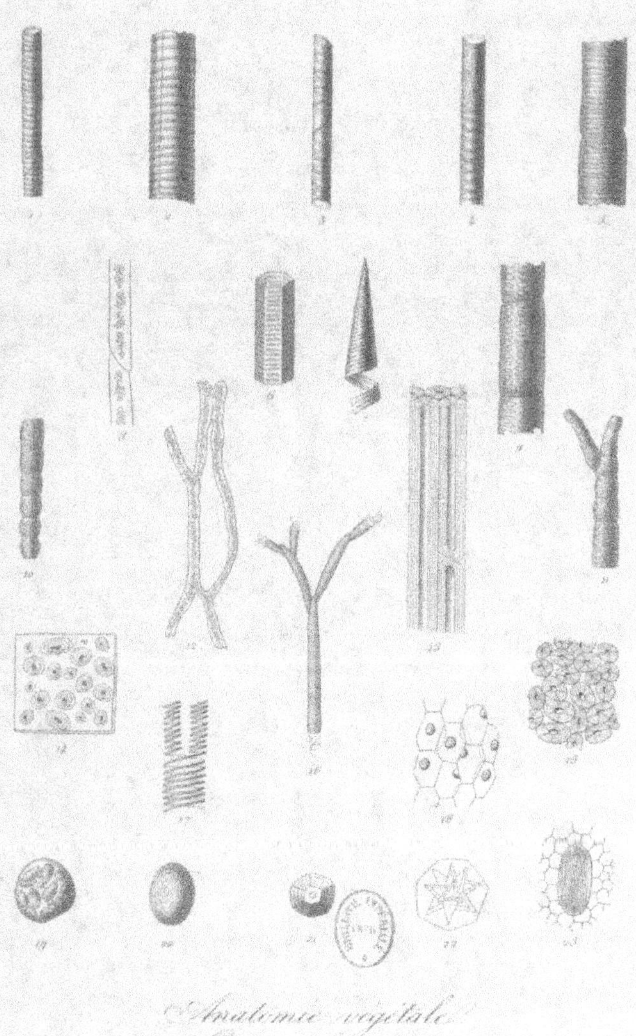

Anatomie végétale
Organes élémentaires

TYPE IDÉAL D'UNE PLANTE PHANÉROGAME

D'APRÈS LA THÉORIE DE SCHLEIDEN.

La tige et la racine constituent l'organe axile ou axe de la plante.

Toutes les autres parties : cotylédons, feuilles, bractées, calice, corolle, étamines et pistils, ne sont que des modifications d'un même organe, l'*organe appendiculaire*.

Le premier étage de feuilles représente les cotylédons ;

le second	—	—	les feuilles primordiales ;
le troisième	—	—	les feuilles normales ;
le quatrième	—	—	les bractées ;
le cinquième	—	—	les sépales ;
le sixième	—	—	les pétales ;
le septième	—	—	les étamines ;
le huitième	—	—	les carpelles ou ovaires ;
le sommet	—	—	le germe ou embryon.

(Voir page 251.)

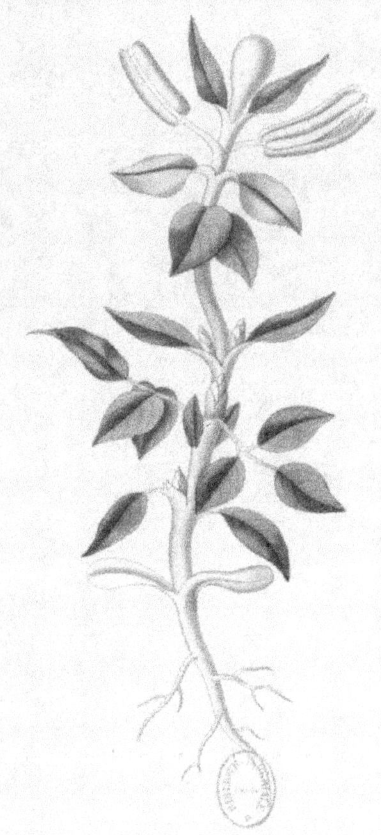

Type idéal d'une plante Phanérogame

RACINES, RHIZOMES ET TUBERCULES

1. — Racine pivotante fusiforme ; radis, *Raphanus sativus*.

2. — Racine napiforme ; navet, *Brassica napus*.

3. — Racine pivotante obconique ; carotte, *Daucus carota*.

4. — Racine fibreuse ; lin, *Linum perenne*.

5. — Racine pivotante fibreuse ; mauve, *Malva rotundifolia*.

6. — Racine tubéreuse fasciculée d'une renoncule ; *Ranunculus asiaticus*.

7. — Rhizome tronqué garni de racines fibreuses ; mors du diable, *Scabiosa succisa*.

8. — Rhizome contourné de la bistorte ; *Polygonum bistorta*.

9. — Racine noueuse ; filipendule, *Spiræa filipendula*.

10. — Racine en chapelet d'une glycine ; *Apios tuberosa*.

11. — Racine granulée d'un saxifrage ; *Saxifraga granulata*.

12. — Tubercule d'une capucine ; *Tropæolum tuberosum*.

13. — Racine tubéreuse didyme ; *Orchis mascula*.

14. — Racine tubéreuse palmée ; *Orchis latifolia*.

(Voir page 253.)

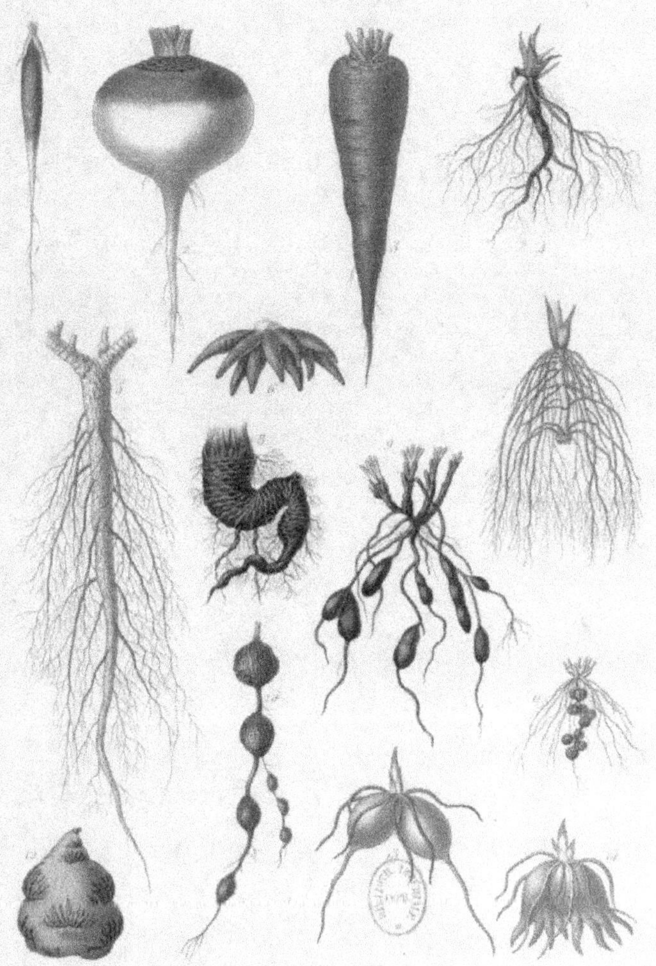

Racines et Tubercules

ANATOMIE DES RACINES

FRAGMENTS DE RACINES TRÈS-GROSSIS.

1. — Tissu cellulaire d'une jeune racine, dans lequel apparaît la matière colorante.

2. — Tissu cellulaire d'une racine, montrant le premier développement de la fécule.

3. — Coupe transversale d'une portion de racine de betterave, montrant la matière colorante dans quelques cellules sous-épidermiques.

4. — Cellule isolée, et plus grossie, de la figure 2, remplie de grains de fécule non agrégés.

5. — Cellules renfermant des grains de fécule agrégés.

6. — Coupe longitudinale du tissu de la betterave, complétement imprégné de matière colorante.

7. — Coupe longitudinale d'une portion de racine de carotte.

8. — Coupe longitudinale d'une jeune racine, montrant son extrémité inférieure ou spongiole composée exclusivement de cellules, et à laquelle aboutissent les vaisseaux annulaires.

9. — Épiderme d'une jeune racine dont quelques cellules se sont développées en poils radicellaires.

10. — Cellules allongées s'organisant en vaisseaux annulaires.

11. — Cellules allongées s'organisant en vaisseaux ponctués.

12. — Vaisseaux annulaires se ramifiant pour pénétrer dans les radicelles.

13. — Coupe longitudinale d'une portion de racine sur laquelle se développe une radicelle.

(Voir page 256.)

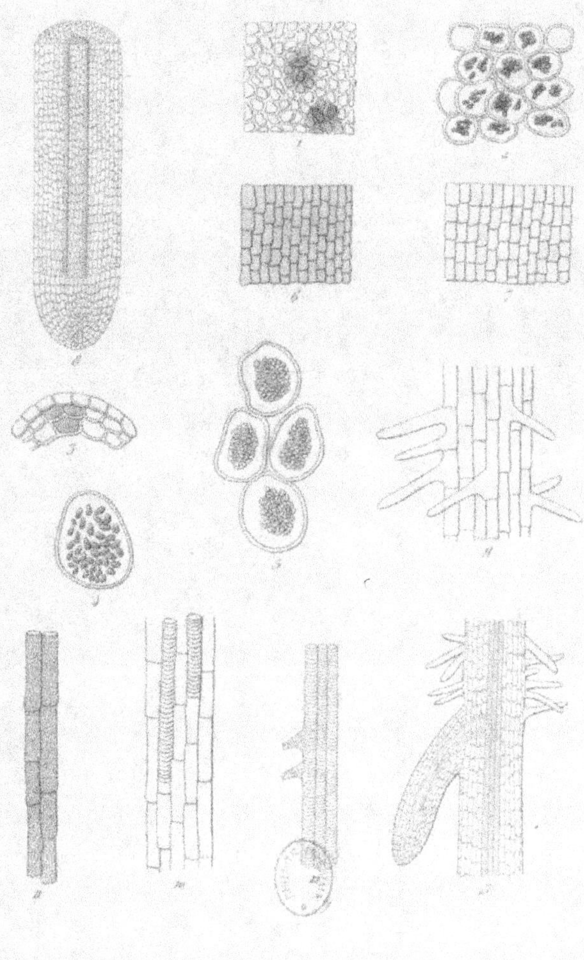

Anatomie des racines

TIGES AÉRIENNES

DES VÉGÉTAUX VASCULAIRES.

---

1. — Chaume d'une graminée ; *Andropogon sorghum*.

2. — Stipe de palmier ; *Phœnix dactylifera*.

3. — Tronc d'un chêne ; *Quercus robur*.

4. — Tige herbacée du soleil ; *Helianthus annuus*.

5. — Hampe de primevère ; *Primula acaulis*.

(Voir page 260.)

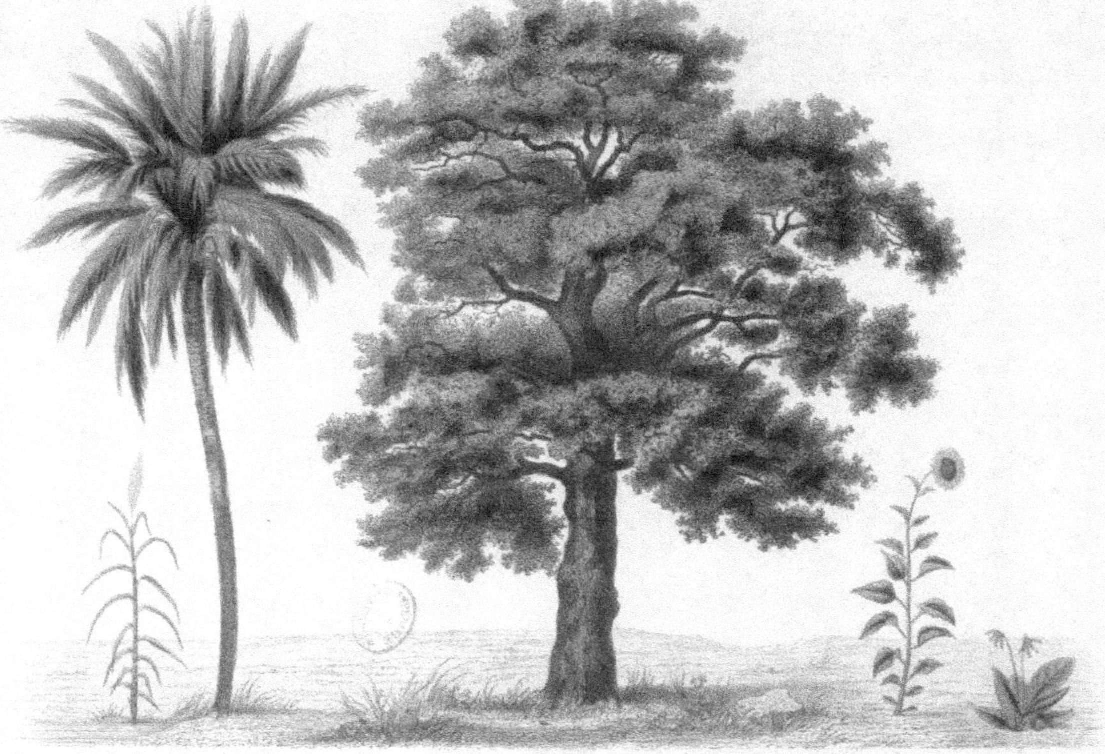

Tiges aériennes
[illegible]

FORME DES TIGES

PORTIONS DE TIGES RÉDUITES.

---

1. — Tige filiforme, de cuscute ; *Cuscuta europæa*.

2. — Tige cylindrique ; *Scirpus lacustris*.

3. — Tige comprimée ; *Vicia sativa*.

4. — Tige anguleuse ; *Allium senescens*.

5. — Tige ancipitée ; *Iris graminea*.

6. — Tige triangulaire ou trigone ; *Carex riparia*.

7. — Tige quadrangulaire ou tétragone ; *Melissa officinalis*.

8. — Tige pentagone ou à 5 angles, du lyciet ; *Lycium europæum*.

9. — Tige polygone ou à plusieurs angles : *Cactus peruvianus*.

10. — Tige striée du fenouil ; *Anethum fœniculum*.

11. — Tige cannelée ; *Smyrnium olusatrum*.

12. — Tige ailée ; *Symphytum officinale*.

13. — Tige mamelonnée ; *Cereus flagelliformis*.

14. — Tige meloniforme ou globuleuse ; *Melocactus communis*.

15. — Tige phylloïde ; *Epiphyllum truncatum*.

16. — Tige articulée, du gui ; *Viscum album*.

17. — Tige noueuse articulée, de l'œillet ; *Dianthus caryophyllus*.

18. — Tige noueuse géniculée, de la renouée ; *Polygonum aviculare*.

19. — Tige fistuleuse, ventrue, de l'oignon ; *Allium cepa*.

(Voir page 262.)

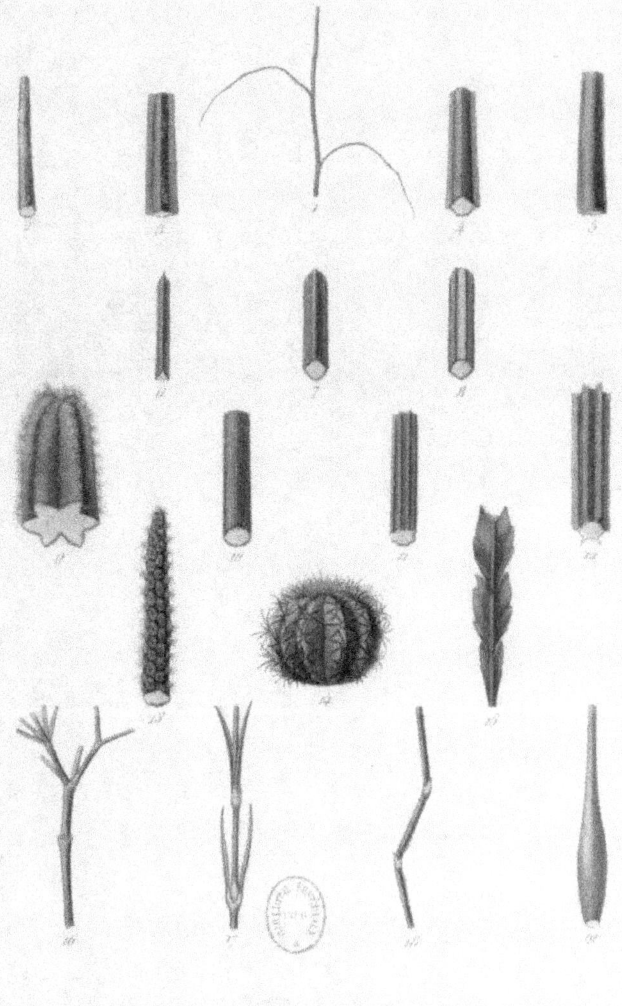

DIRECTION DES TIGES

EXTRÉMITÉS DE PLANTES RÉDUITES.

1. — Tige dressée, du lin ; *Linum perenne.*

2. — Tige réclinée ou réfléchie, sceau de Salomon ; *Convallaria polygonatum.*

3. — Tige nutante ou penchée, millet ; *Panicum miliaceum.*

4. — Tige couchée, pourpier commun ; *Portulaca oleracea.*

5. — Tige décombante ou retombante ; *Marsdenia erecta.*

6. — Tige ascendante, d'un orpin; *Sedum album.*

7. — Tige rampante ou traçante, de la bugle ; *Ajuga reptans.*

8. — Tige volubile s'enroulant de gauche à droite, d'un haricot ; *Phaseolus vulgaris.*

9. — Tige volubile s'enroulant de droite à gauche, houblon ; *Humulus lupulus.*

10. — Tige grimpante au moyen de vrilles, d'une passiflore ; *Passiflora cærulea.*

11. — Tige grimpante au moyen de vrilles, d'une salsepareille ; *Smilax mauritanica.*

(Voir page 263.)

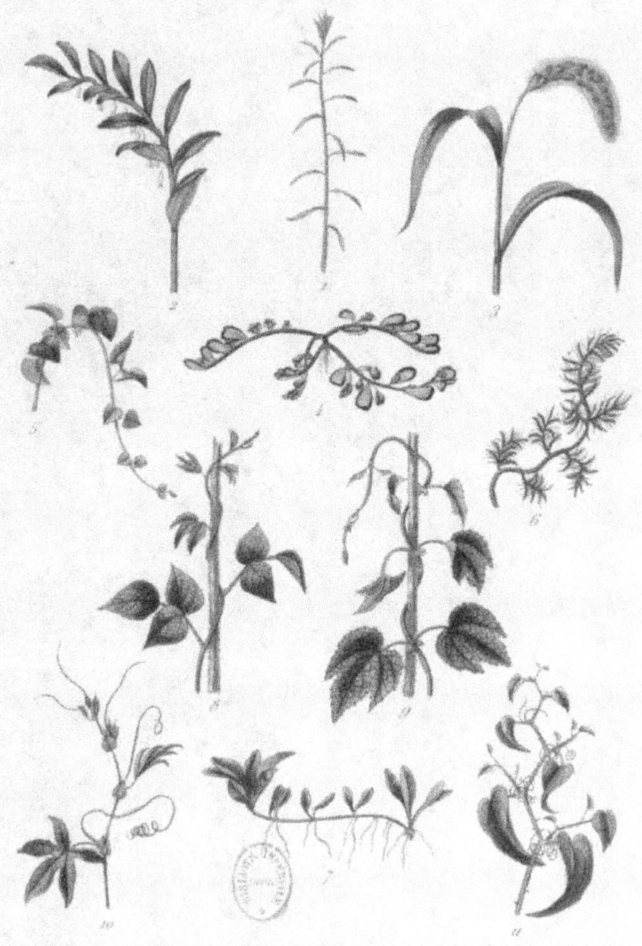

Figuier.
(*Characterium etc.*)

RHIZOMES

OU TIGES SOUTERRAINES.

1. — Rhizome simple, oblique, terminé par un bouquet de feuilles, fougère mâle ; *Nephrodium filix-mas*.

2. — Rhizome perpendiculaire et rameux, à feuilles terminales, d'un primevère ; *Primula veris*.

3. — Rhizome horizontal émettant des bourgeons axillaires ; *Scirpus palustris*.

4. — Rhizome horizontal à rameaux axillaires ascendants, du trèfle d'eau ; *Menyanthes trifoliata*.

5. — Rhizome déterminé qui émet, à la base du bourgeon terminal, un bourgeon latéral qui prolonge souterrainement le rhizome ; *Carex arenaria*.

(Voir page 260.)

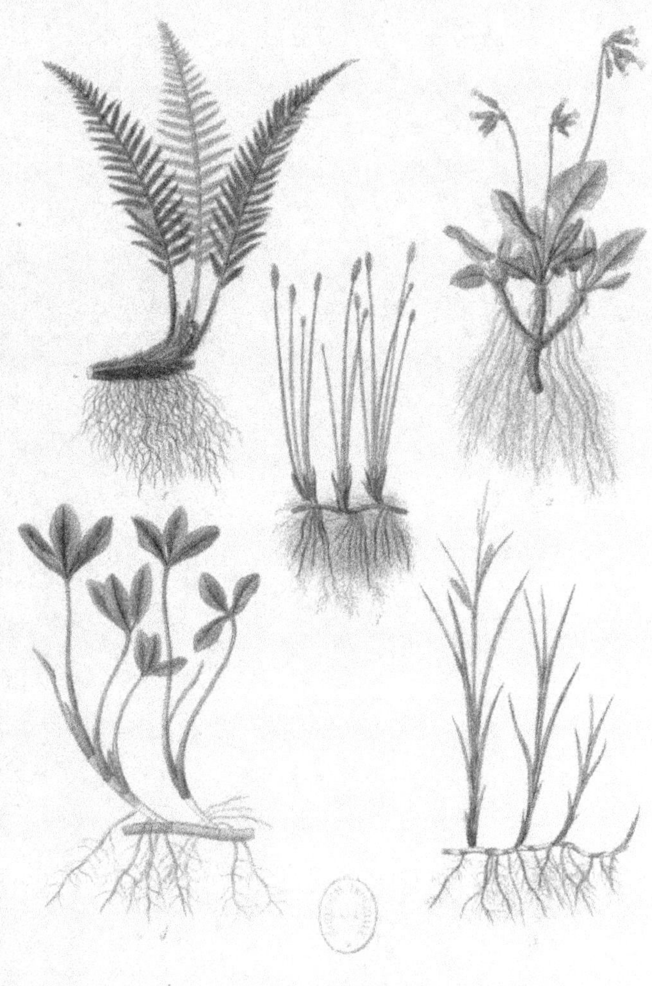

BULBES OU OIGNONS

1. — Bulbe solide, au sommet duquel se forme un nouveau bulbe ; *Gladiolus segetum*.

2. — Coupe longitudinale du précédent.

3. — Bulbe solide de safran ; *Crocus sativus*.

4. — Bulbe solide ayant émis, à sa base, deux jeunes bulbilles ou caïeux ; *Crocus sativus*.

5. — Bulbe tuniqué, de jacinthe ; *Hyacinthus orientalis*.

6. — Coupe longitudinale du précédent, montrant le plateau autour duquel sont insérées les tuniques ou bases inférieures épaissies des feuilles ; au sommet une partie teintée en vert jaune qui est le bourgeon à fleurs, et les jeunes feuilles dont les bases s'épaississent pour augmenter la grosseur de l'oignon.

7. — Coupe transversale d'un oignon de jacinthe, laissant voir l'emboîtement des tuniques les unes par les autres ; au centre le bourgeon à fleurs et les jeunes feuilles.

8. — Bulbe tuniqué, de lys ; *Lilium candidum*.

(Voir page 266.)

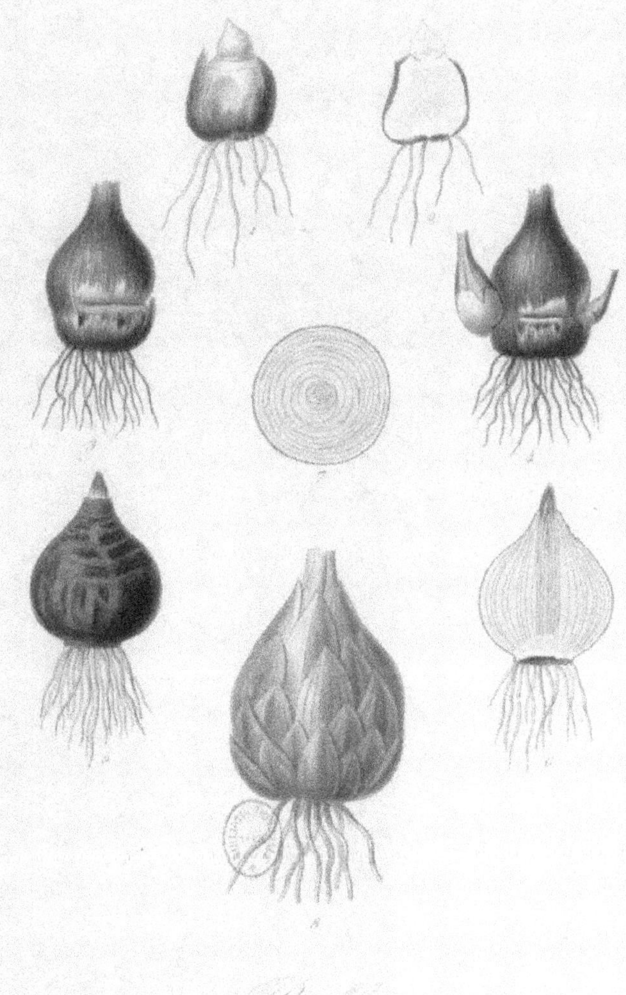

Bulbes.

TUBERCULES

ET TUBÉROSITÉS.

---

1. — Tubercule de pomme de terre ; *Solanum tuberosum*.

2. — Tubercule de topinambour ; *Helianthus tuberosus*.

3. — Tubercule de *Boussingaultia*.

4. — Tige renflée tubéreuse d'une avoine ; *Avena elatior nodosa*.

5. — Racines tubéreuses de la Ficaire ; *Ficaria ranunculoides*.

6. — Racine tubéreuse d'un orchis ; *Orchis morio*.

(Voir pages 255 et 266.)

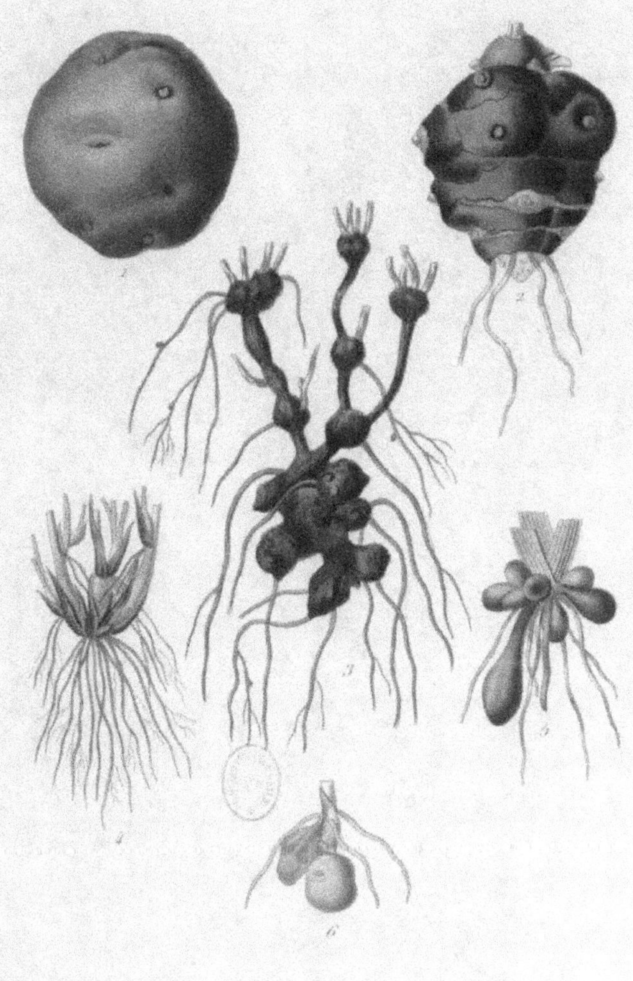

Tubercules

ANATOMIE ET STRUCTURE

DES TIGES MONOCOTYLÉDONÉES.

1. — Coupe longitudinale d'une portion de stipe d'un palmier, très-réduit, montrant la direction des faisceaux ligneux.

2. — Coupe transversale d'un stipe du même palmier ($^1/_4$ de grandeur naturelle), montrant les faisceaux ligneux disposés sans ordre dans la masse de tissu cellulaire.

3. — Coupe transversale d'un faisceau ligneux de palmier (*corypha frigida*), vue au microscope, et dans laquelle on voit des trachées et de gros vaisseaux, au milieu d'un tissu de cellules allongées ou de fibres à paroi mince, et qui sont des fibres ponctuées ; au sommet, un amas d'autres cellules à paroi épaisse, dans lequel se trouvent des vaisseaux du latex.

4. — Coupe transversale d'un autre stipe de palmier, *astrocarium murumuru*, ($^1/_4$ de grandeur naturelle), dans lequel les faisceaux ligneux sont plus nombreux vers la circonférence et forment une zone plus compacte.

5. — Portion de la coupe précédente, $^1/_2$ de grandeur naturelle.

6. — Fragment réduit d'un stipe de palmier (*ptychosperma gracile*), montrant la soudure des faisceaux ligneux.

7. — Fragment d'une tige d'asperge, présentant la disposition éparse des faisceaux ligneux.

8.   Portion de chaume réduit de bambou (*bambusa arundinacea*), montrant l'insertion d'une feuille et la naissance d'un bourgeon.

9. — Coupe longitudinale de la précédente figure, qui montre l'entre-croisement des faisceaux ligneux des feuilles supérieures.

10. — Coupe longitudinale d'un poireau (*allium porrum*), montrant la disposition des vaisseaux du système ascendant et du système descendant.

[Voir page 268.]

Anatomie & Structure
des Tiges monocotylédones.

P. Gérard pinx.   Imp. Chardon r. Hautefeuille 30, Paris   Lemaire sculp.

ANATOMIE ET STRUCTURE

DES TIGES DICOTYLÉDONÉES.

1. — Tranche d'une coupe transversale, considérablement grossie, d'un rameau d'érable (*acer campestre*); *a*, moelle; *b*, trachées; *c*, rayons médullaires entre lesquels sont des fibres ligneuses et de gros vaisseaux; *d*, écorce séparée du bois par une couche de cambium *f*, et composée du liber *e*, au milieu duquel se trouvent les vaisseaux laticifères, teintés en couleur orange; de la couche herbacée *g*, dans laquelle aboutissent les rayons médullaires; de la couche subéreuse *h*, et enfin de l'épiderme *i*. Les couleurs de ces différentes parties sont un peu exagérées, pour les faire distinguer les unes des autres.

2. — Coupe longitudinale et perpendiculaire aux rayons médullaires du même rameau, vue sous un très-fort grossissement, montrant les faisceaux ligneux *b*, soudés entre eux et coupant les rayons médullaires *a*.

3. — Coupe longitudinale du rameau d'érable, passant par les rayons médullaires : en *a* sont les rayons médullaires à cellules allongées dans le sens transversal, et en *b* les fibres ligneuses.

(Voir page 270.)

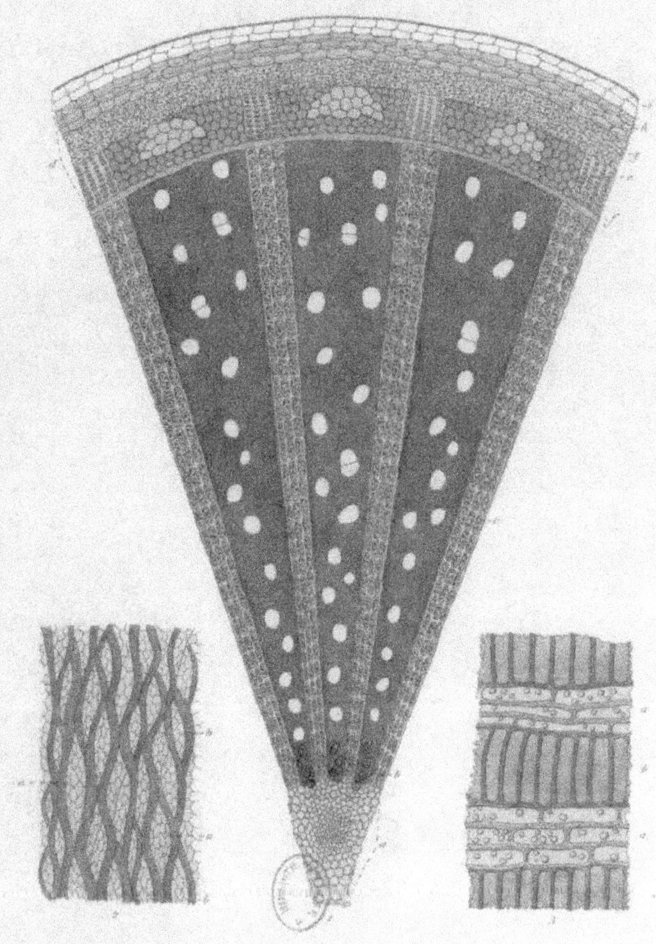

Anatomie & Structure des Tiges dicotylédones.

ANATOMIE ET STRUCTURE

DES TIGES DICOTYLÉDONÉES.

1. — Coupe transversale d'une tige dicotylédonée, dans laquelle les premiers faisceaux fibro-vasculaires commencent à s'organiser ; ils sont déjà disposés régulièrement en cercle au milieu du tissu cellulaire.

2. — Coupe transversale de la même tige plus âgée, montrant de nouveaux faisceaux fibro-vasculaires qui se sont interposés entre les premiers, pour former une couche ligneuse presque continue, traversée par des rayons médullaires ; elle présente ainsi : la moelle au centre, une couche de bois, et en dehors l'écorce.

3. — Coupe transversale grossie d'une branche d'érable d'une année.

4. — Coupe transversale, réduite, d'une tige présentant 7 couches ligneuses, qui correspondent à 7 années de végétation.

5. — Coupe transversale (réduite) d'une liane du Brésil, appartenant au genre *Bauhinia*, dans laquelle les couches ligneuses sont séparées par un tissu analogue à celui du liber.

6, 7, 8 et 9. — Coupe transversale de tiges (grandeur à peu près naturelle), de diverses bignoniacées grimpantes, présentant une disposition *cruciée* de leurs couches libériennes.

10. — Coupe transversale de tige d'une malpighiacée (*stygmatophyllum acuminatum*) du Brésil, ayant un canal médullaire rayonné, avec des faisceaux ligneux épars, comme dans les tiges de monocotylédones.

11. — Coupe transversale de tige d'une ménisperinée ou de gnétacée, dans laquelle les couches ligneuses sont séparées l'une de l'autre par une couche de tissu analogue à celui du liber.

12, 13, 14, 15 et 16. — Coupe transversale de tiges de diverses lianes appartenant à la famille des sapindacées, et offrant, toutes, plusieurs corps ligneux séparés par des couches de liber ; le corps central seul présente un canal médullaire entouré de trachées ; tous les autres ont une moelle, mais sans trachées autour. — Les coupes sont réduites au $^1/_4$ environ de grandeur naturelle.

(Voir page 276.)

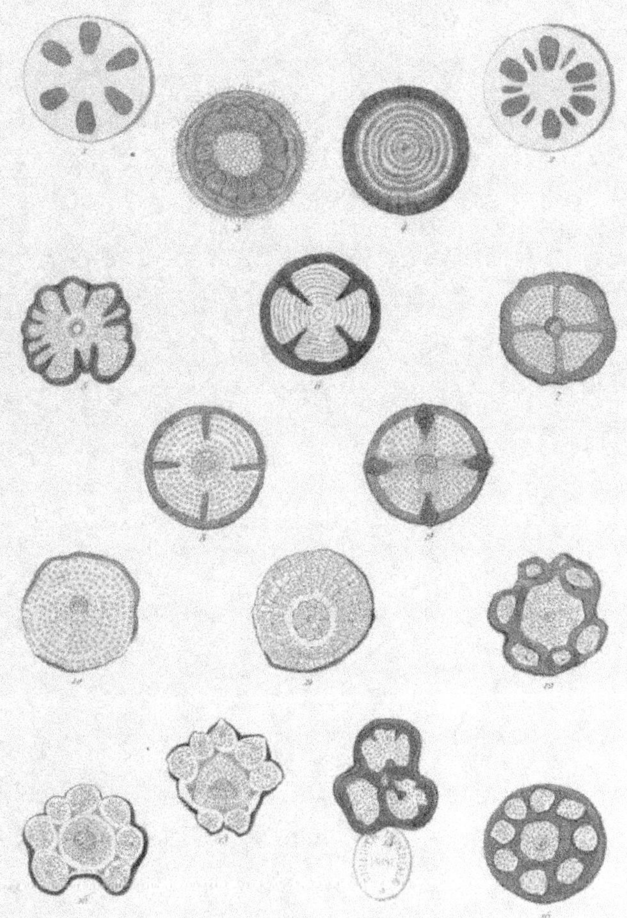

Structure des Tiges dicotylédones.

BOURGEONS

1. — Rameau avec bourgeons d'une bourgène ; *rhamnus frangula*.

2. — Rameau et bourgeons écailleux ovoïdes, du marronnier d'Inde ;
æsculus hippocastanum.

3. — Rameau portant des bourgeons écailleux coniques, d'un poirier ;
pyrus communis.

4. — Rameau terminé par un bourgeon à fleurs, d'un alisier ; *cratægus torminalis*.

5. — Rameau avec bourgeons à feuilles (les inférieures), et bourgeons
à fleurs, du lilas ; *syringa vulgaris*.

6. — Rameau avec bourgeons en voie de développement, du chèvrefeuille des Alpes ; *lonicera Alpigena*.

7. — Bulbilles ou bourgeons bulbifères naissant sur un fragment
d'écaille d'un bulbe de lis ; *lilium candidum*.

8. — Bulbilles ou bourgeons bulbifères, naissant à l'aisselle des
feuilles du lis bulbifère ; *lilium bulbiferum*.

(Voir page 277.)

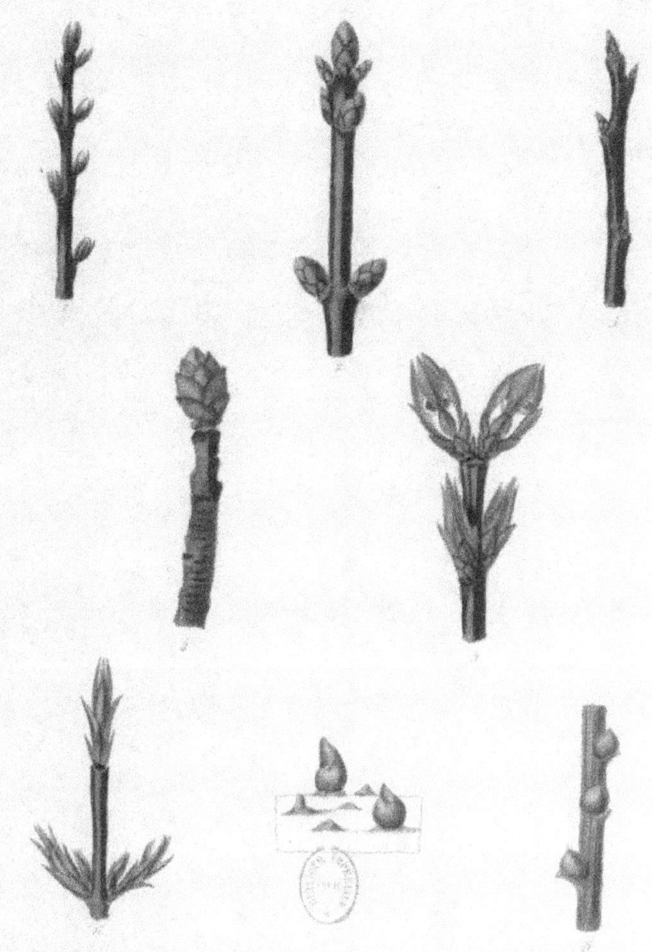

Bourgeons.

RAMIFICATIONS ET PORTS

1. — PEUPLIER D'ITALIE (*Populus pyramidalis*) à branches fastigiées, c'est-à-dire toutes dressées.
2. — CÉDRE DU LIBAN (*Cedrus Libani*), branches s'étalant horizontalement.
3. — FRÊNE PLEUREUR (*Fraxinus pendula*), branches rameuses renversées ou retombantes.
4. — SOPHORA PLEUREUR (*Sophora Japonica pendula*), branches brusquement renversées.
5. — CHÊNE ROUVRE (*Quercus robur*) à branches alternes ; les unes dressées, les autres plus ou moins horizontales, formant une cime presque ronde.
6. — POMMIER (*Malus communis*), branches alternes divergentes, formant une cime arrondie.
7. — ORME (*Ulmus campestris*), branches alternes à rameaux distiques.
8. — TROÈNE (*Ligustrum vulgare*), arbrisseau émettant de longs scions ou gourmands fleuris.
9. — SYCOMORE (*Acer pseudo-platanus*), branches opposées, mais souvent alternes par avortement, formant une cime arrondie.
10. — PAULOWNIA (*Paulownia japonica*), branches verticillées par trois.
11. — CHARAGNE (*Chara hispida*), herbe aquatique à rameaux verticillés.
12. — FENOUIL (*Anethum fœniculum*), rameaux alternes distiques.
13. — FRANGIPANIER (*Plumiera alba*), branches verticillées par trois.
14. — RUSSÉLIA (*Russelia juncea*), branches opposées, décussées et flexueuses.

(Voir page 282.)

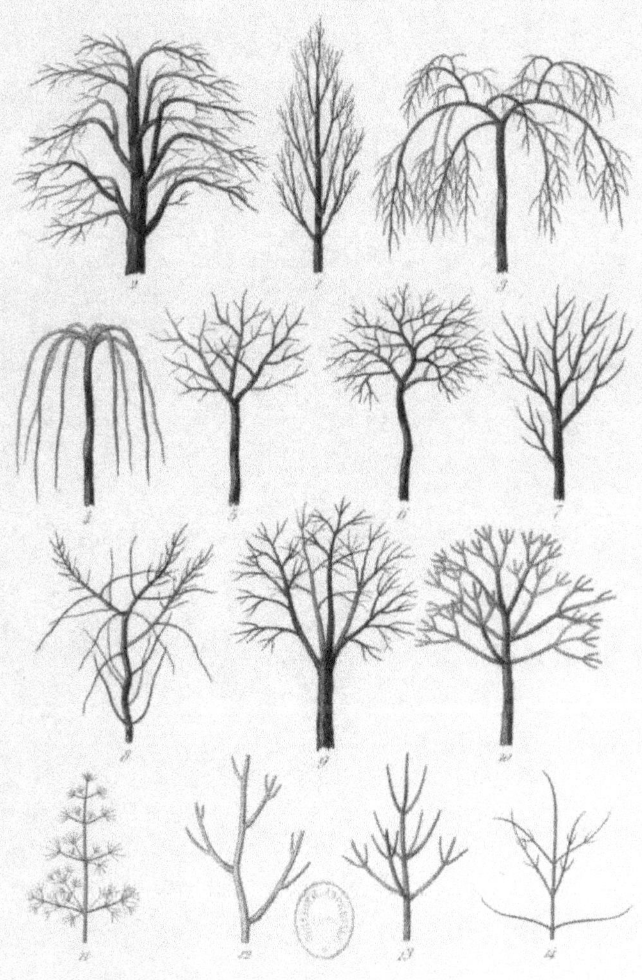

Ramification.

PRÉFOLIATIONS

Coupes transversales de bourgeons, pour montrer la disposition des feuilles avant leur développement.

1. — PRÉFOLIATION APPLICATIVE ; feuilles planes se touchant par leurs bords ; *aloès*.
2. — PRÉFOLIATION PLICATIVE ; feuilles pliées dans leur longueur en forme d'éventail ; *érables*.
3. — PRÉFOLIATION OBVOLUTÉE ou SEMI-AMPLEXATIVE ; feuilles pliées dans leur longueur, et recevant dans leur pli la moitié d'une autre feuille ; *sauges*.
4. — PRÉFOLIATION AMPLEXATIVE ; feuilles pliées dans leur longueur et s'enveloppant entièrement les unes les autres ; *iris*.
5. — PRÉFOLIATION CONDUPLICATIVE ; feuilles pliées dans leur longueur et placées les unes à côté des autres ; *chêne*.
6. — PRÉFOLIATION INDUPLICATIVE ou IMBRICATIVE ; feuilles opposées, pliées longitudinalement et se touchant par leurs bords ; *mélèze*.
7. — PRÉFOLIATION SPIRALE ou ÉQUITATIVE ; feuilles non pliées, planes, et se recouvrant les unes les autres par une de leur moitié ; *lilas*.
8. — PRÉFOLIATION CIRCINALE ; feuille roulée en crosse du sommet vers la base ; *fougères*.
9. — PRÉFOLIATION CONVOLUTIVE ; feuille dont une moitié du limbe est enroulée sur elle-même, et recouverte par l'autre moitié ; *bananier*.
10. — PRÉFOLIATION INVOLUTIVE ; feuille dont les deux bords sont enroulés en dedans ; *violette, chèvrefeuille*.
11. — PRÉFOLIATION RÉVOLUTIVE ; feuille dont les deux bords sont enroulés en dehors ; *romarin*.
12. — PRÉFOLIATION RÉCLINATIVE ; feuille pliée de haut en bas, et non dans la longueur ; *tulipier*.

(Voir page 285.)

PRÉFLORAISONS

La figure placée à droite indique la coupe transversale.

1. — PRÉFLORAISON COCHLÉAIRE, quand, dans une corolle monopétale bilabiée, la lèvre supérieure recouvre la lèvre inférieure ; *labiées*.
2. — PRÉFLORAISON TORDUE, lorsque chaque pétale recouvre d'un côté le pétale voisin, et que, de l'autre, il est recouvert ; *lin*.
3. — PRÉFLORAISON QUINCONCIALE, quand il y a deux pétales ou sépales extérieurs, deux intérieurs et un intermédiaire recouvert d'un côté et recouvrant de l'autre ; le calice des *cistes*.
4. — PRÉFLORAISON VALVAIRE ; tous les pétales ou sépales se touchant par leurs bords sans se recouvrir ; calice de l'*hibiscus liliflorus*.
5. — PRÉFLORAISON INVOLUTÉE ; modification de la préfloraison valvaire, dans laquelle les bords des sépales sont rentrants ; *clématite*.
6. — PRÉFLORAISON VEXILLAIRE ; disposition de pétales des papilionacées, dans laquelle la carène est recouverte par les deux ailes, qui sont, à leur tour, enveloppées par l'étendard plié dans sa longueur ; *pois*.

(Voir 2ᵉ volume.)

Préfoliation.

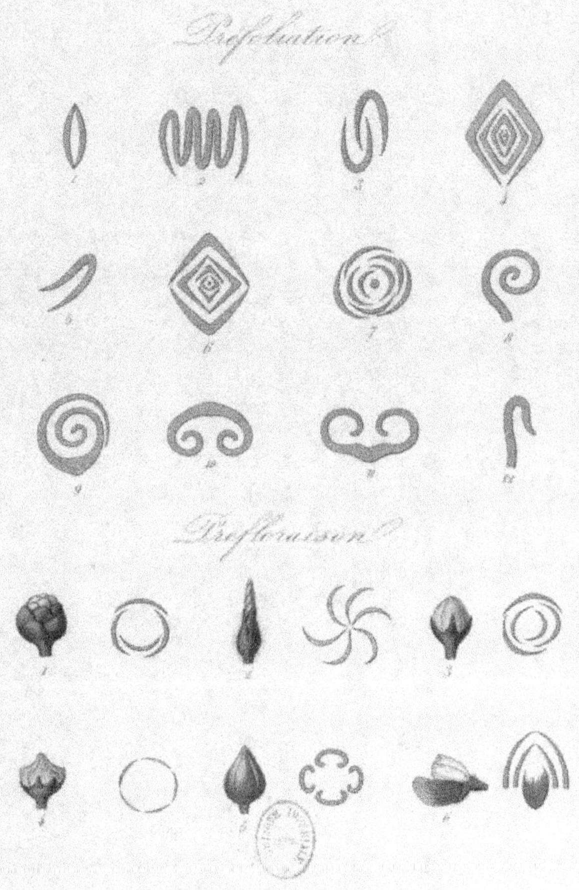

Préfloraison.

*Disposition des feuilles et des fleurs
dans leur bourgeon.*

NERVATION DES FEUILLES

1. — Extrémité d'une feuille d'*amaryllis vittata*, à nervures simples parallèles.

2. — Feuille de *blockea trinervia* à 3 nervures principales parallèles, et à nervures secondaires latérales transverses simples.

3. — Feuille du *melastoma tomentosum* à nervures secondaires convergentes.

4. — Feuille de hêtre, à nervures secondaires pennées.

5. — Feuille de gincko, à nervures divergentes.

6. — Feuille de figuier, à nervures digitées.

7. — Feuille de capucine, à nervures peltées.

(Voir page 288.)

Feuilles
(Nervures)

FORME DES FEUILLES

1. — Feuille linguiforme ou en forme de langue ; *aloe linguiformis*.

2. — Feuille ovale cordiforme ; *rumex obtusifolium*.

3. — Feuille elliptique ; *garrya elliptica*.

4. — Feuille dolabriforme ou en doloire ; *mesembryanthemum dolabri-
    forme*.

5. — Feuille acinaciforme ou en sabre ; *mesembryanthemum acinaci-
    forme*.

6. — Feuille lancéolée, en forme de fer de lance ; *pêcher*.

7. — Feuille ensiforme ; *iris pseudo-acorus*.

8. — Feuille convolutée ou enroulée ; *ornithogalum umbellatum*.

9. — Feuille trigone ou à 3 angles ; *butomus umbellatus*.

10. — Feuille tétragone ou à 4 angles ; *iris tuberosa*.

11. — Feuilles linéaires ; *pinus pinea*.

12. — Feuille cylindrique fistuleuse ; *allium cepa*.

13. — Feuilles aciculaires ou en aiguilles, *pinus strobus*.

(Voir page 290.)

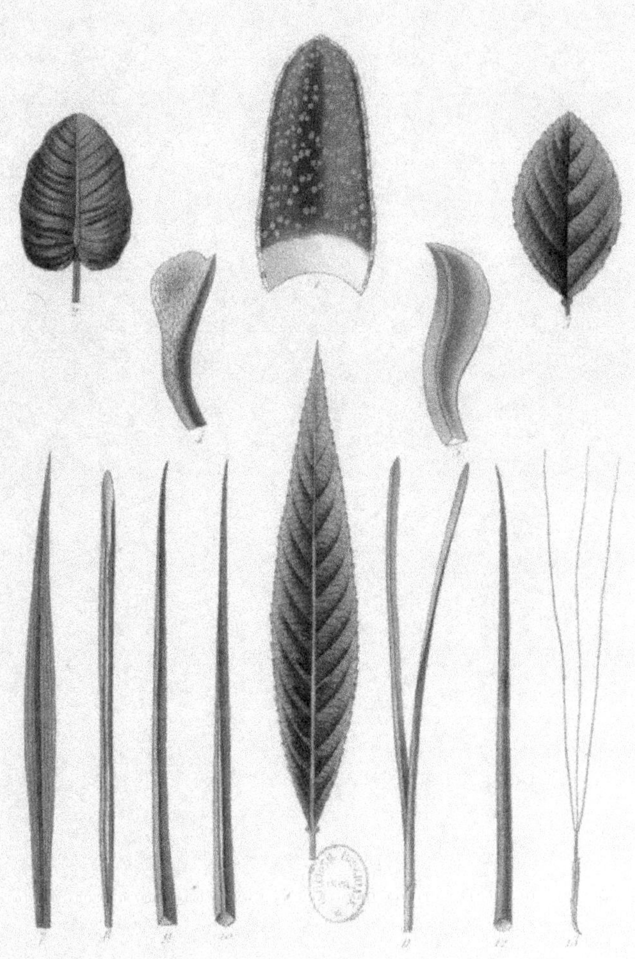

FORME DES FEUILLES

1. — Feuille orbiculaire peltée, crênelée; capucine, *Tropæolum majus*.

2. — Feuille ovale-arrondie; tremble, *Populus tremula*.

3. — Feuille obovale; *Rhus cotinus*.

4. — Feuille ovale; basilic, *Ocymum basilicum*.

5. — Feuille ovale-oblongue; sauge, *Salvia officinalis*.

6. — Feuille ovale-acuminée; *Celtis australis*.

7. — Feuille oblongue obtuse, dentelée; *Cratægus glabra*.

8. — Fenille oblongue aiguë; olivier, *Olea europæa*.

9. — Feuille linéaire; *Linaria vulgaris*.

10. — Feuille arrondie crênelée; *Marrubium vulgare*.

11. — Feuille cunéaire émarginée; *Portulaca oleracea*.

12. — Feuille spatulée; pâquerette, *Bellis perennis*.

13. — Feuille cordiforme, ou en cœur; *Pontederia cordata*.

14. — Feuille réniforme; *Asarum europæum*.

15. — Feuille trifoliolée, à folioles obcordiformes; *Oxalis corniculata*.

16. — Feuille cordiforme oblique ou inéquilatérale; *Begonia manicata*.

17. — Feuille deltoïde-ovale; *Populus nigra*.

(Voir page 296.)

Feuilles
(Forme des)

Blanchard pinxit.   Paris Imp.r B. Lemercier r. S.t Jacques 55.   Coleau sculp.t

FORME DES FEUILLES

1. — Feuille rhomboïde ; *Chenopodium vulvaria*.

2. — Feuille triangulaire ; *Atriplex hortensis*.

3. — Feuille sagittée obtuse ; *Chenopodium bonus-Henricus*.

4. — Feuille sagittée aiguë ; *Sagittaria sagittifolia*.

5. — Feuille hastée ; *Rumex scutatus*.

6. — Feuille auriculée ; *Solanum dulcamara*.

7. — Feuille panduriforme, ou en violon ; *Rumex pulcher*.

8. — Feuille lyrée ; *Senecio vulgaris*.

9. — Feuille cordiforme arrondie, denticulée ; *Tussilago farfara*.

10. — Feuille orbiculaire cordiforme, denticulée ; *Malva rotundifolia*.

11. — Feuille lobée tronquée ou quadrilobée ; *Liriodendron tulipifera*.

12. — Feuille quinquélobée ; *Acer campestre*.

13. — Feuille bilobée ; *Gincko biloba*.

14. — Feuille trilobée ; *Anemone hepatica*.

15. — Feuille quinquélobée ; cotonnier, *Gossypium herbaceum*.

16. — Feuille palmatipartite ; ricin, *Ricinus communis*.

17. — Feuille pédalée ; *Helleborus fœtidus*.

(Voir page 291.)

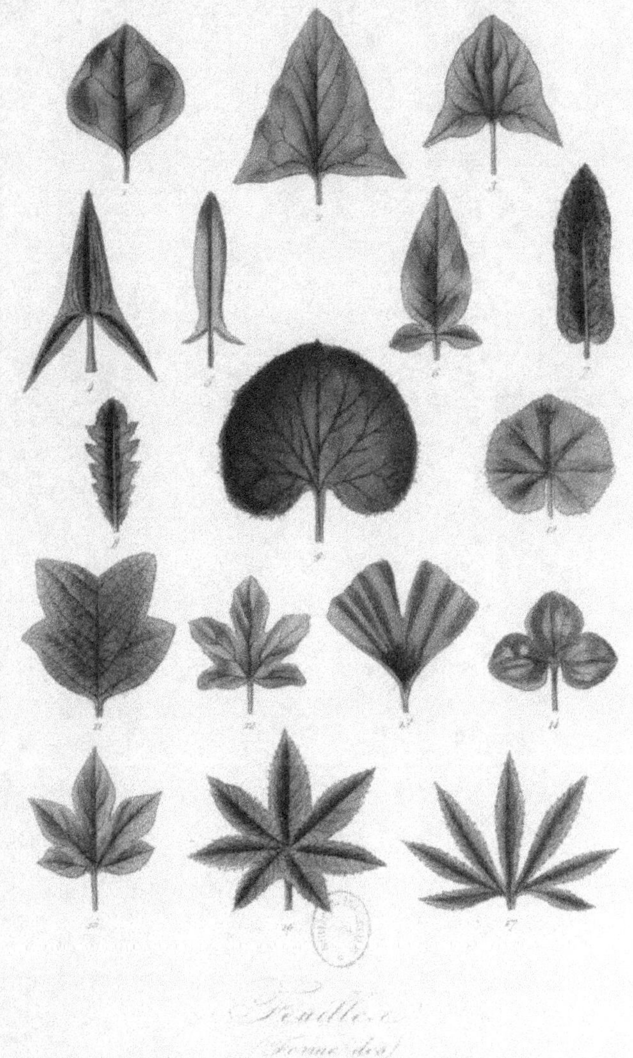

Feuilles
(Forme des)

FORME DES FEUILLES

1. — Feuille rongée ; *Broussonetia papyrifera.*

2. — Feuille lancéolée rongée ; chicorée, *Cichorium intybus.*

3. — Feuille roncinée ; pissenlit, *Taraxacum dens-leonis.*

4. — Feuille laciniée ; *Dipsacus laciniatus.*

5. — Feuille pennatipartite ; *Polypodium vulgare.*

6. — Feuille obovale marginée ; *Evonymus japonica.*

7. — Feuille bilobée ; *Bauhinia speciosa.*

8. — Feuille tripartite ; *Teucrium chamæpitys.*

9. — Feuille triséquée ; *Peganum harmala.*

10. — Feuille bifoliolée, à folioles inéquilatérales; *Zygophyllum fabago.*

11. — Feuilles trifoliolées, à folioles cunéiformes ; *Rhus crenata.*

12. — Feuille multifide ou palmatipartite, à segments laciniés ; *Jatropha multifida.*

(Voir page 291.)

Feuilles
(formes)

DÉCOUPURES DES FEUILLES

1. — Feuille entière ; lilas, *Syringa vulgaris*.

2. — Feuille obscurément crénelée ; violette, *Viola odorata*.

3. — Feuille crénelée ; *Alchemilla vulgaris*.

4. — Feuille dentelée ou serrée ; amandier, *Amygdalus communis*.

5. — Feuille biserrée ; orme, *Ulmus campestris*.

6. — Feuille dentée ; *Epilobium montanum*.

7. — Feuille bidentée ; *Pinus Pindrow*.

8. — Feuille dentée ; *Epimedium Alpinum*.

9. — Feuille ciliée; *Drosera rotundifolia*.

10. — Feuille dentée épineuse ; houx, *Ilex aquifolium*.

11. — Feuille festonnée ; millefeuille, *Achillea millefolium*.

12. — Feuille rongée ; *Rumex sanguineum*.

13. — Feuille mordue ; *Caryota urens*.

14. — Feuille fimbriée ou frangée ; *Evonymus fimbriatus*.

(Voir page 292.)

Feuilles
élémentaires

FEUILLES COMPOSÉES ET DÉCOUPÉES

1. — Feuille trifoliolée; fraisier, *Fragaria vesca*.

2. — Feuille biternée; *Epimedium Alpinum*.

3. — Feuille triternée; *Laserpitium peucedanoides*.

4. — Feuille quinquéfoliolée; *Potentilla verna*.

5. — Feuille paripennée, ou pennée sans impaire; caroubier, *Cerato-nia siliqua*.

6. — Feuille pennée cirrheuse; *Vicia sepium*.

7. — Feuille imparipennée, ou pennée avec impaire; sorbier, *Sorbus domestica*.

8. — Feuille alternipennée; pois chiche, *Cicer arietinum*.

9. — Feuille inégalement pennatiséquée; *Agrimonia eupatorium*.

10. — Feuille pennatiséquée, à segments décurrents; *Menyanthes major*.

11. — Feuille bipennée; *Gleditshia monosperma*.

12. — Feuille tripennatiséquée; *Œnanthe crocata*.

13. — Feuille multiséquée; fenouil, *Anethum fœniculum*.

(Voir pages 292 et 293.)

Feuilles composées.

ATTACHES DES FEUILLES

FEUILLES ET FRAGMENTS DE TIGES RÉDUITS.

1. — Feuille composée à folioles sessiles ; *Mahonia aquifolium*.

2. — Feuille pétiolée ; poirier, *Pyrus communis*.

3. — Feuille ombiliquée ; capucine, *Tropæolum majus*.

4. — Feuilles perfoliées ; *Bupleurum perfoliatum*.

5. — Feuilles semi-amplexicaules ou semi-engaînantes ; *Aster Novæ Angliæ*.

6. — Feuilles amplexicaules ; *Lamium amplexicaule*.

7. — Feuilles connées ; cardère à foulons, *Dipsacus fullonum*.

8. — Feuilles semi-engaînantes décurrentes ; grande consoude, *Symphytum officinale*.

9. — Feuilles engaînantes ; *Bromus racemosus*.

10. — Feuilles engaînantes distiques ; *Witsenia corymbosa*.

(Voir pages 297 et 298.)

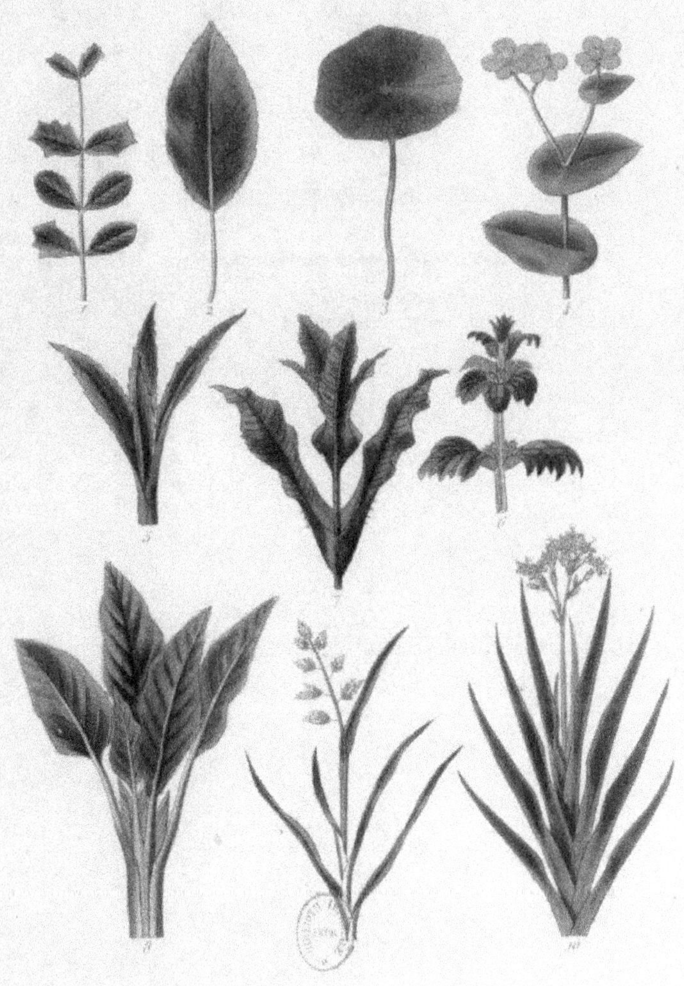

Feuilles

explications

DISPOSITION DES FEUILLES

FRAGMENTS DE TIGES OU DE RAMEAUX TRÈS-RÉDUITS.

1. — Feuilles radicales en rosette; pâquerette, *Bellis perennis*.

2. — Feuilles caulinaires alternes; tabac, *Nicotiana tabacum*.

3. — Feuilles raméales alternes; poirier, *Pyrus communis*.

4. — Feuilles distiques; tilleul, *Tilia europæa*.

5. — Feuilles opposées; verveine, *Verbena officinalis*.

6. — Feuilles décussées ou opposées en croix; *Veronica decussata*.

7. — Feuilles verticillées horizontales; *Paris quadrifolia*.

8. — Feuilles verticillées horizontales; garance, *Rubia tinctoria*.

9. — Feuilles alternes, obliquement bisériées; if, *Taxus baccata*.

10. — Feuilles fasciculées; mélèze, *Larix europœa*.

11. — Feuilles géminées; *Pinus pinea*.
    —   ternées; *Pinus tœda*.
    —   quinées; *Pinus cembra*.

12. — Feuilles squamiformes ou écailleuses, imbriquées; *Thuya*.

13. — Feuilles roselées ou en rosette; *Saxifraga umbrosa*.

14. — Feuilles alternes; *Linum perenne*.

15. — Feuilles verticillées par trois; laurier-rose, *Nerium oleander*.

16. — Feuilles alternes; prunier, *Prunus domestica*.

17. — Feuilles éparses pendantes; *Euphorbia characias*.

(Voir pages 294 et 298.)

Feuilles
(Disposition)

PHYLLOTAXIE

***

1. — Spirale de feuilles, vue par projection, pour montrer la disposition régulière des feuilles autour de la tige.

2. — Spirale de feuilles, vue par projection, pour montrer l'angle de divergence $\frac{1}{2}$ entre chaque feuille dans la disposition distique.

2 *a*. — Feuilles alternes distiques.

2 *b*. — Fragment de rameau, pour montrer que la ligne spirale passe par toutes les feuilles.

3. — Spirale de feuilles, vue par projection, pour montrer l'angle de divergence $\frac{2}{5}$ dans la disposition quinaire, ou quinconciale.

3 *a*. — Feuilles alternes quinaires.

3 *b*. — Fragment de rameau montrant la ligne spirale passant par chaque insertion de feuilles, dans la disposition quinaire.

(Voir pages 295 et 296.)

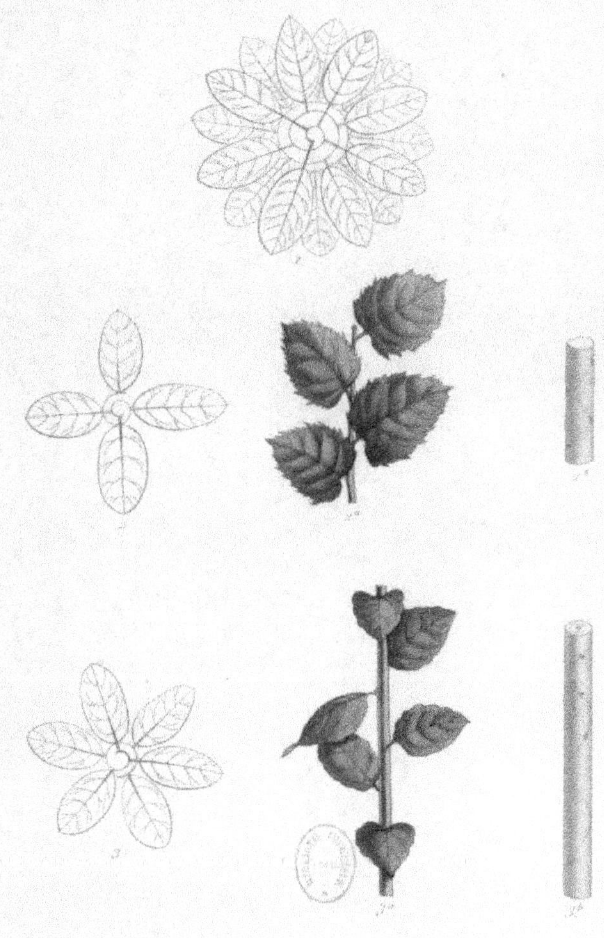

Phylleliane

STOMATES

FRAGMENTS D'ÉPIDERME DE FEUILLES, VUS AU MICROSCOPE, SOUS UN
FORT GROSSISSEMENT.

1. — Cellules épidermiques, avec 3 stomates; balisier, *Canna Indica*.

2. — Cellules épidermiques irrégulières, avec un stomate; balsamine,
Impatiens balsamina.

3. — Cellules épidermiques allongées, avec un stomate ; *Amaryllis
formosissima*.

4. — Cellules épidermiques hexagonales, avec deux stomates ; *Iris
Florentina*.

5. — Cellules épidermiques allongées, avec trois stomates ; *Lilium
candidum*.

6. — Cellules épidermiques allongées, avec cinq stomates ; œillet,
Dianthus caryophyllus.

7. — Cellules épidermiques irrégulières, avec deux stomates ; garance,
Rubia tinctorum.

8. — Cellules épidermiques irrégulières, avec un stomate ; *Polygonum tinctorium*.

9. — Fragments d'épiderme avec un stomate et du tissu sous-jacent,
contenant de la matière verte, ou chlorophylle ; *Polygonum
tinctorium*.

10. — Cellules stomatiques de la même plante, plus grossies.

11, 12. — Matière granuleuse verte, contenue dans les cellules stomatiques du *Polygonum tinctorium*.

13. — Coupe verticale d'un fragment de feuille d'iris, montrant un
stomate qui correspond avec une lacune du tissu sous-
jacent.

14. — Même coupe que la précédente, d'un fragment de feuille de
l'*Hakea pachyphylla*, montrant la même disposition du tissu
stomatique.

(Voir page 311.)

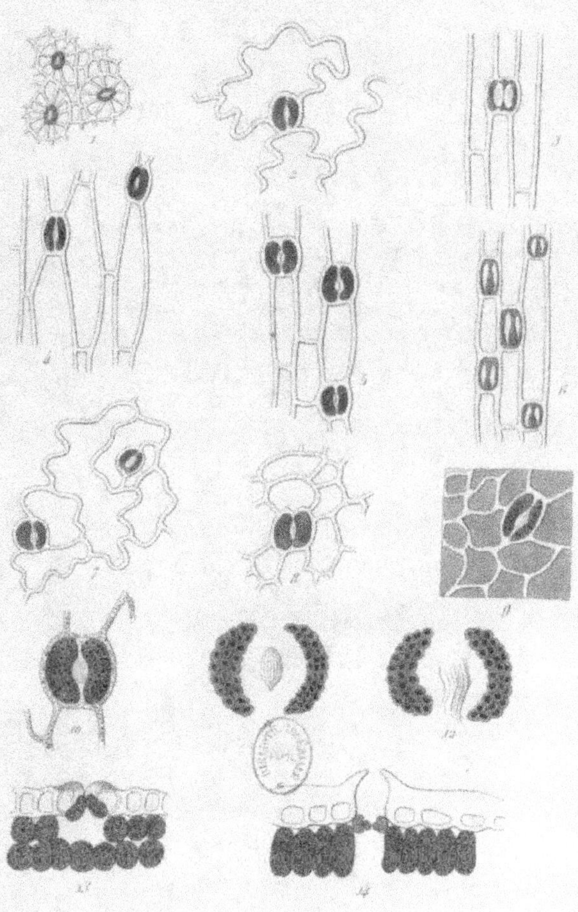

Stomates.

STIPULES

1. — Stipules latérales libres ; charme ; *Carpinus betulus*.

2. — Stipules latérales adnées au pétiole ; rosiers.

3. — Stipules interpétiolaires géminées ; *Cephalanthus Occidentalis*.

4. — Stipules axillaires ou interpétiolaires géminées ; *Melianthus minor*.

5. — Stipules géminées interpétiolaires ; *Condaminea macrophylla*.

6. — Stipules foliiformes linéaires ; *Lotus corniculatus*.

7. — Stipule protégeante ; *Salix aurita*.

8. — Stipule foliiforme sagittée ; *Lathyrus Aphaca*.

9. — Stipules foliiformes semi-hastées ; *Lathyrus sativus*.

10. — Stipules foliiformes auriculées ; passiflores.

11. — Stipules interpétiolaires appliquées ; caféier ; *Coffea Arabica*.

12. — Stipules semi-cordiformes denticulées ; aubépine ; *Cratægus oxyacantha*.

13. — Stipules dentelées ; *Vicia sepium*.

14. — Stipules entières ; *Dolichos lablab*.

15. — Stipule intrapétiolaire ou axillaire ; *Melianthus major* ($^{1}/_{2}$ de grandeur naturelle).

16. — Stipule protégeante ; *Ficus elastica* ($^{2}/_{3}$ de grandeur naturelle).

17. — Stipule engaînante ; polygonées.

18. — Stipule axillaire ligulaire ou ligule ; graminées.

(Voir page 314.)

Stipules.

Bessa pinx.t   Paris, Imp.rie de Langlumé et C.ie Lapérouse 9.   Taille douce

SUPPORTS

FRAGMENTS DE TIGES RÉDUITS.

1. — Vrille oppositifoliée ; vigne, *Vitis vinifera*.

2. — Vrille axillaire ; *Passiflora cærulea*.

3. — Vrille foliaire, terminée par une urne operculée ; *Nepenthes distillatoria*.

4. — Vrilles stipulaires d'une Salsepareille ; *Smilax Mauritanica*.

5. — Vrille pétiolaire d'une Gesse ; *Lathyrus latifolius*.

6. — Crampons radicellaires du Lierre ; *Hedera helix*.

7. — Vrille rameuse de la vigne vierge ; *Cissus quinquefolius*.

(Voir page 317.)

Vrilles.

Crampons.

Suçoirs.

PIQUANTS

1. — Rameaux avortés épineux, d'aubépine ; *Cratægus oxyacantha*.
2. — Rameaux avortés épineux, de prunellier ; *Prunus spinosa*.
3. — Épines axillaires droites, de citronnier ; *Citrus*.
4. — Épines axillaires courbées ; *Pisonia aculeata*.
5. — Épines opposées ternées ; *Cactus*.
6. — Épines bifides ; *Carissa arduina*.
7. — Rameaux épineux d'ajonc ; *Ulex Europæus*.
8. — Épines étoilées ; *Mahonia*.
9. — Rameaux avortés épineux du Nerprun.
10. — Dents épineuses ; *Agave Americana*.
11. — Stipules épineuses ; jujubier ; *Zizyphus vulgaris*.
12. — Pédoncules épineux d'une ficoïde ; *Mesembryanthemum spino-
sum*.
13. — Épines bractéales de l'artichant ; *Cynara scolymus*.
14. — Épines carpellaires d'un fruit de *Martynia*.
15. — Épines carpellaires d'un fruit de *Datura Stramonium*.
16. — Aiguillons stipulaires ; *Robinia pseudo-acacia*.
17. — Aiguillons arqués ; rosiers.
18. — Épines ternées ; groseillier à maquereau ; *Ribes*.
19. — Épines quinées ; épine-vinette ; *Berberis vulgaris*.
20. — Épines rameuses ; *Gleditschia ferox*.
21. — Aiguillons stipulaires de *Robinia pseudo-acacia*.

(Voir page 349.)

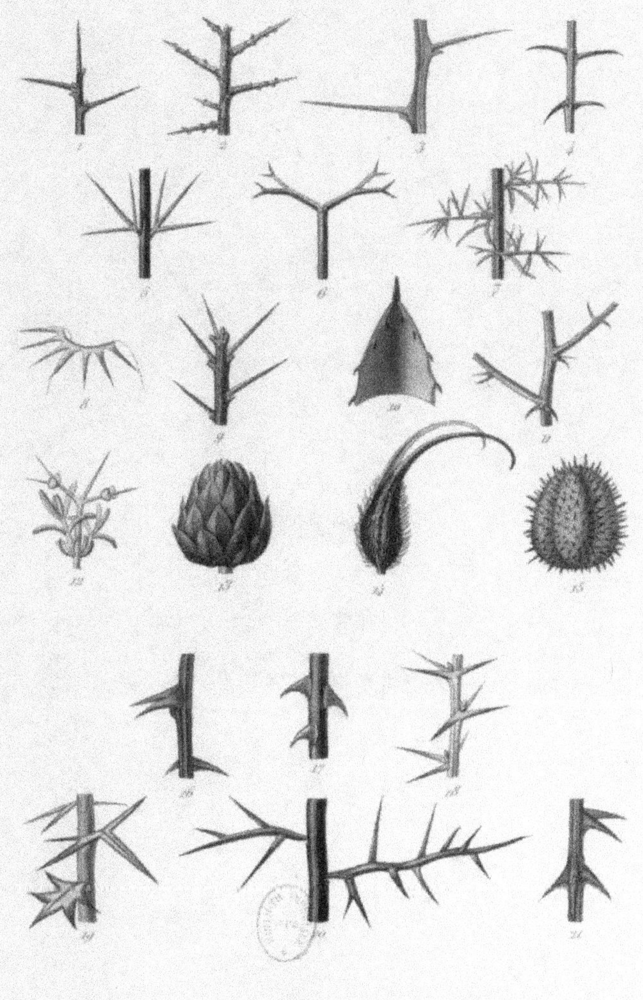

Aiguillons et Épines.

Maubert pinx.   Paris, Impr.° &c. édités par L.° Langlois 9.   Langlois sculp.

INFLORESCENCES SIMPLES

1. — Fleur solitaire terminale ; *Tulipa Gesneriana*.

2. — Grappe simple lâche ; *Veronica anagallis*.

3. — Grappe simple pendante ; *Ribesium sanguineum*.

4. — Épi ; *Plantago media*.

5. — Chaton mâle de noisetier ; *Corylus avellana*.

6. — Strobile ou chaton femelle de Pin ; *Pinus sylvestris*.

7. — Spadice ; *Arum maculatum*.

8. — Capitule de scabieuse ; *Scabiosa sylvatica*.

9. — Coupe longitudinale du précédent, montrant le réceptacle sur lequel sont insérées les fleurs.

10. — Corymbe simple ; poirier.

11 — Ombelle simple ; *Coronilla glauca*.

(Voir page 336.)

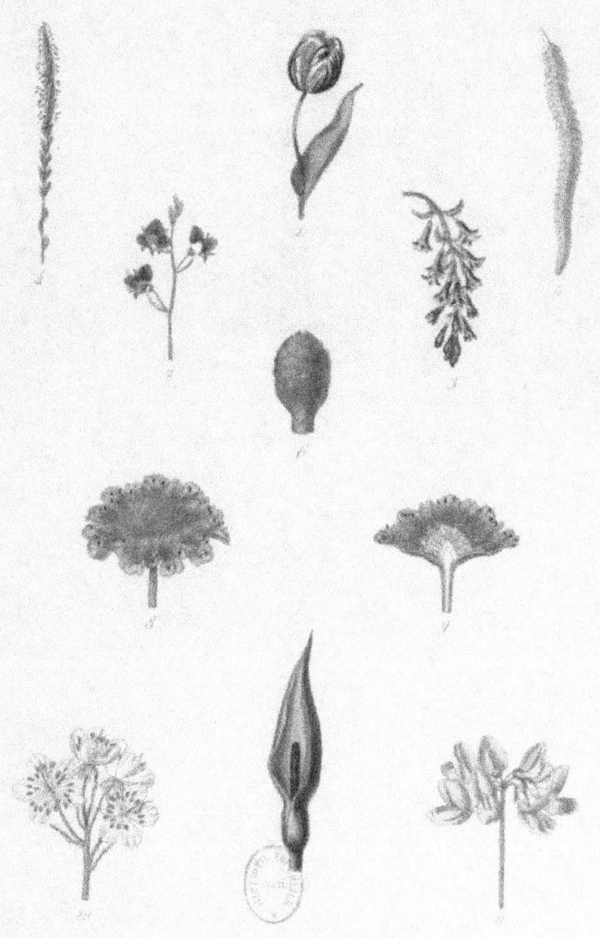

Inflorescences simples.

INFLORESCENCES ANOMALES

1. — Coupe longitudinale d'une figue, montrant le réceptacle en forme
de bouteille, sur la paroi interne duquel sont insérées les fleurs.

2. — Chaton femelle du mûrier.

3. — Réceptacle très-dilaté, d'un *Dorstenia*.

(Voir page 339.)

INFLORESCENCES COMPOSÉES

1. — Ombelle composée, de carotte ; *Daucus carota*.

2. — Corymbe composé, d'alisier ; *Sorbus aria*.

3. — Panicule composée d'épillets ; *Bromus mollis*.

4. — Thyrse, de lilas ; *Syringa vulgaris*.

5. — Cime corymbiforme, du sureau ; *Sambucus nigra*.

6. — Cime fasciculée, ou fascicule ; *Dianthus barbatus*.

(Voir page 339.)

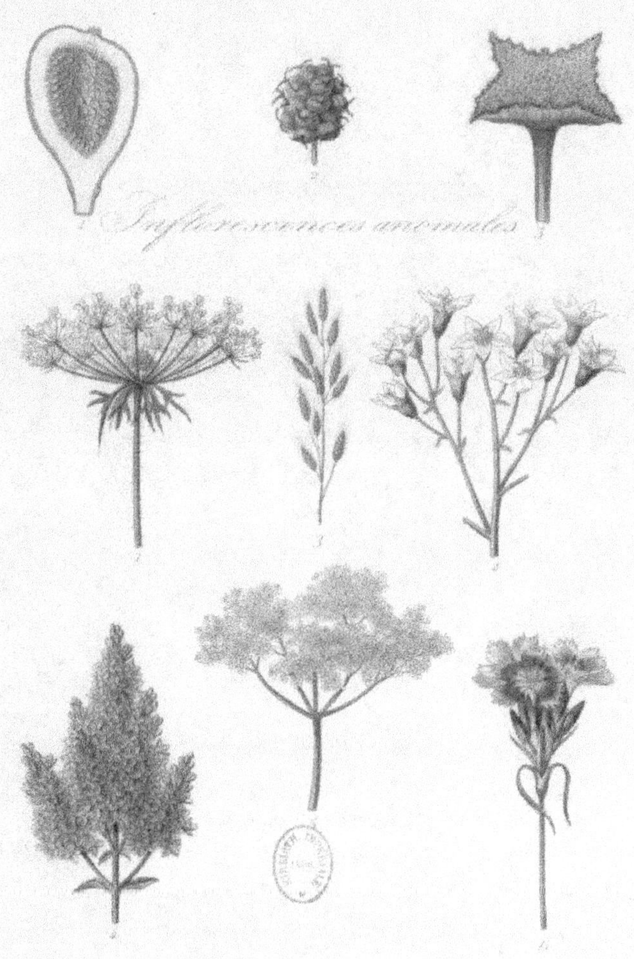

Inflorescences anomales

Inflorescences composées

CIRCULATION ET ROTATION

1. — Extrémité de l'appareil circulatoire du sang chez les animaux,
montrant la disposition du système artériel et du système veineux, avec indication du courant.

2. — Extrémité grossie d'une tige de *Chara* avec ses rameaux articulés;
les flèches indiquent la direction du mouvement rotatoire du
liquide contenu dans les cellules.

3. — Poil grossi, pris sur une fleur du *Cucurbita pepo* avec des flèches
indiquant la direction du liquide dans chaque cellule.

4. — Fragment du système veineux et de l'appareil des vaisseaux
lymphatiques, présentant des anastomoses et des renflements
nommés *ganglions*, dont les usages sont encore peu connus.

5. — Fragment très-grossi d'une feuille de chélidoine, *Chelidonium
majus*, montrant un réseau de vaisseaux laticifères; le courant du latex est indiqué par la direction des flèches.

6. — Vaisseau dorsal cloisonné d'un coléoptère, dans lequel la circulation est réduite à une simple transfusion alternative du sang.

(Voir pages 359 et suivantes jusqu'à 374 inclusivement.)

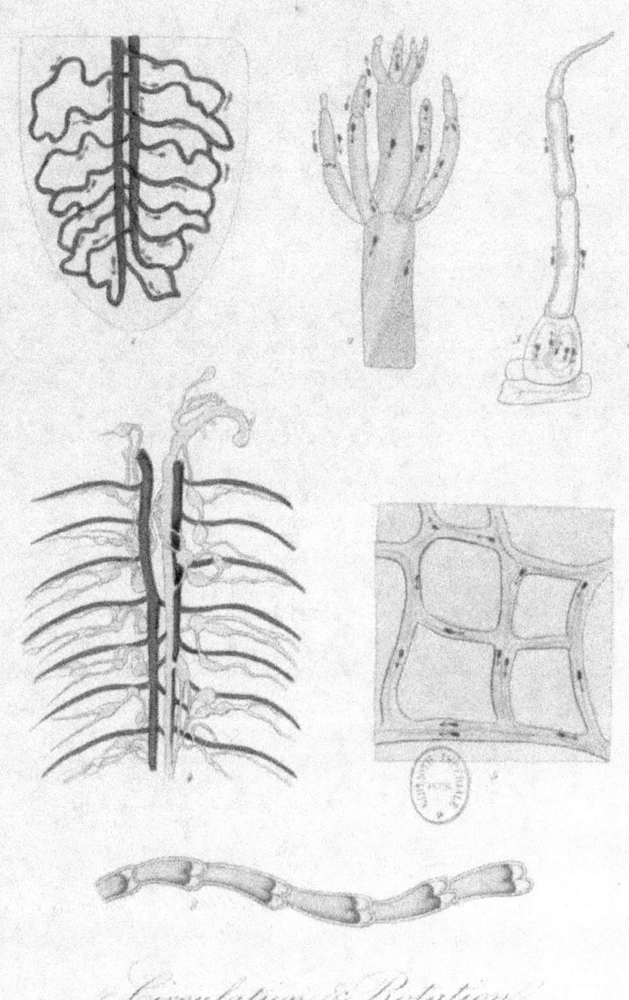

Circulation & Rotation
dans les Végétaux.

SYSTÈMES DE CHROMATOLOGIE

Système de Desvaux : disque montrant le résultat de la combinaison des
deux couleurs fondamentales, le vert et le rouge, et les diverses
nuances qui en découlent.

Système d'Henslow : trois disques de couleurs, jaune, rouge et bleu,
dont la combinaison produit toutes les autres couleurs intermédiaires.

(Voir pages 395 et 397.)

Système de Berceau.

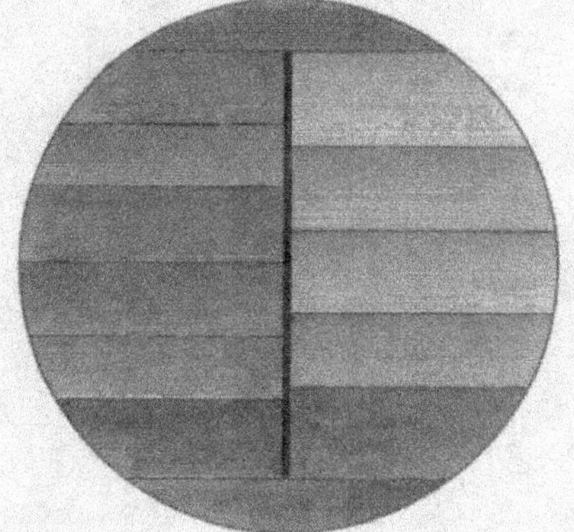

Système d'Henslow.

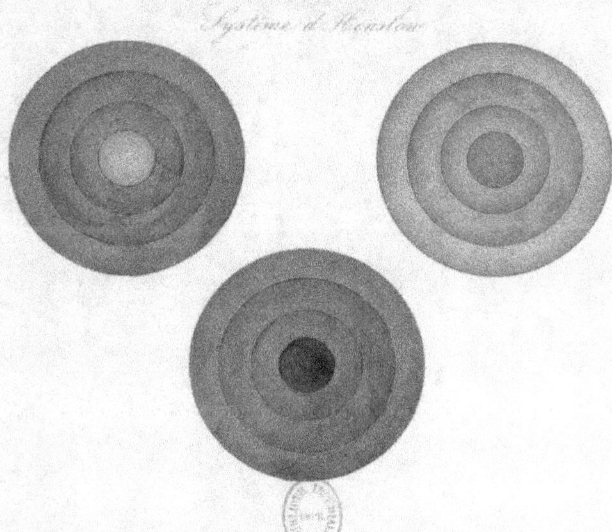

Systèmes de Chromatologie.

ORGANOGÉNIE

SYSTÈME DES MÉRITHALLES OU DES PHYTONS.

1. — Figure idéale d'embryon monocotylédoné; *a*, tigelle ou mérithalle tigellaire; *b*, pétiole ou mérithalle moyen ou pétiolaire; *c*, mérithalle limbaire ou limbe de la feuille; *d*, bourgeon terminal; *e*, radicule.

2. — Figure idéale indiquant le développement des tiges, en hauteur, d'une plante monocotylédonée; *a*, mérithalle tigellaire; *b*, mérithalle pétiolaire; *c*, mérithalle limbaire; *d*, bourgeon; *e*, radicule.

3. — Figure idéale d'un embryon dicotylédoné; *a*, mérithalle tigellaire; *b*, mérithalle pétiolaire; *c*, mérithalle limbaire; *d*, bourgeon terminal; *e*, radicule.

4. — Figure idéale pour montrer le développement, en hauteur, d'une plante dicotylédone; *a*, mérithalle tigellaire; *b*, mérithalle pétiolaire; *c*, mérithalle limbaire; *d*, bourgeon terminal; *e*, radicule.

5. — Bouture de deux ans d'un *cissus hydrophora*, et dépouillée de son écorce pour montrer les faisceaux fibreux vasculaires qui descendent des deux rameaux tout le long et tout autour du corps de la bouture, pour former la nouvelle couche ligneuse, et qui se prolongent ensuite en racines : *a*, racine; *d*, rameau; *e*, racines.

6. — Bouture de racine de *maclara aurantiaca*, sur laquelle s'est formé un bourgeon *d*, qui a envoyé ses prolongements radiculaires *a* sur le corps de la bouture, mais qui ne forment qu'une bande verticale au lieu d'une couche périphérique; au-dessous du corps de la bouture, tous ses faisceaux se sont réunis en un seul, *e*, pour constituer le corps principal de la racine, qui se divise ensuite en plusieurs ramifications.

Monocotylédones

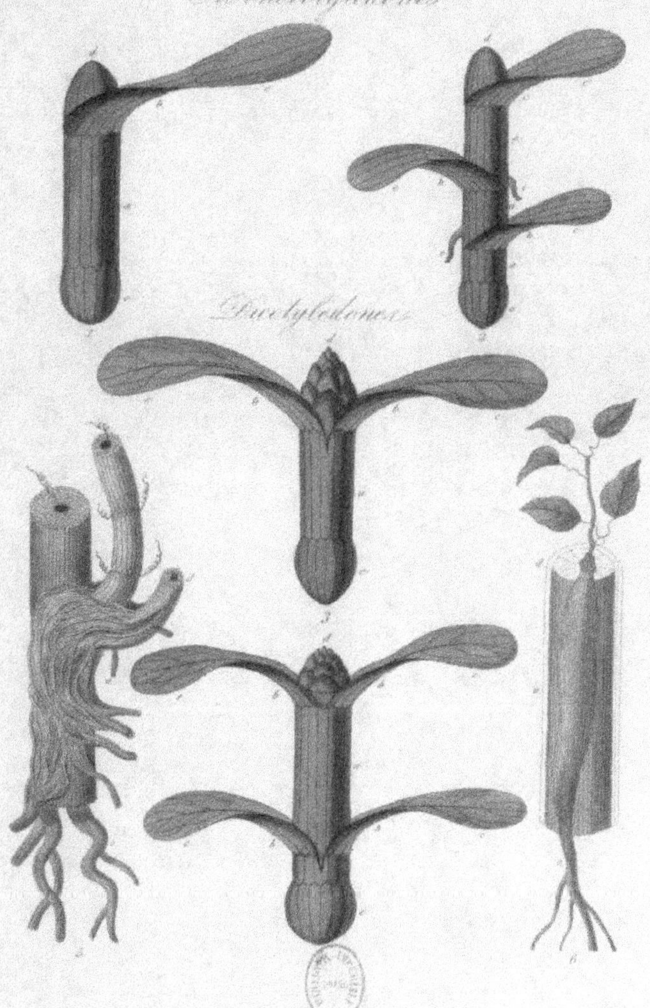

Organogénie
Système des Mérithalles

TABLE

DES PLANCHES ET DES FIGURES DE L'ATLAS PREMIER

DU TRAITÉ DE BOTANIQUE GÉNÉRALE